中文版

PHOTOSHOP CC

马广韬 姚冲 张娜 / 主编   董曼妮 邓乙霖 / 副主编

服装设计

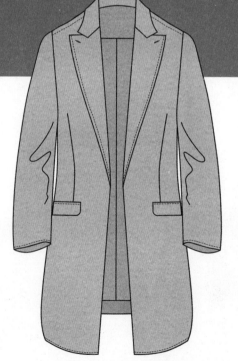

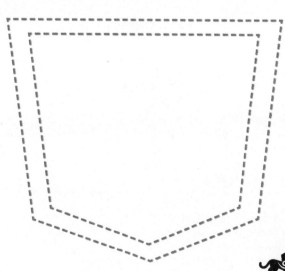

中青雄狮

中国青年出版社

侵权举报电话

全国"扫黄打非"工作小组办公室

010-65233456　65212870

http://www.shdf.gov.cn

中国青年出版社

010-50856028

E-mail: editor@cypmedia.com

图书在版编目（CIP）数据

中文版Photoshop CC服装设计／马广韬，姚冲，张娜主编.
— 北京：中国青年出版社，2016. 3

ISBN 978-7-5153-4055-5

I.①中…　II.①马…　②姚…　③张…　III.①服装设计－计算机辅助
设计－图像处理软件　IV. ①TS941.26

中国版本图书馆CIP数据核字（2016）第021181号

中文版Photoshop CC服装设计

马广韬　姚冲　张娜／主编
董曼妮　邓乙霖／副主编

出版发行：　中国青年出版社

地　　址：北京市东四十二条21号

邮政编码：100708

电　　话：（010）50856188／50856199

传　　真：（010）50856111

企　　划：北京中青雄狮数码传媒科技有限公司

策划编辑：张　鹏

责任编辑：刘冰冰

封面设计：郭广建　吴艳蜂

印　　刷：北京博海升彩色印刷有限公司

开　　本：787×1092　1/16

印　　张：15.5

版　　次：2016年5月北京第1版

印　　次：2016年5月第1次印刷

书　　号：ISBN 978-7-5153-4055-5

定　　价：49.90元

本书如有印装质量等问题，请与本社联系

电话：（010）50856188 / 50856199

读者来信：reader@cypmedia.com

投稿邮箱：author@cypmedia.com

如有其他问题请访问我们的网站：http://www.cypmedia.com

PREFACE

中文版
Photoshop CC
服 装 设 计
前 言

　　Photoshop是服装设计中常用的一款软件，在市场上有众多大同小异的Photoshop相关图书，但真正实用性强、案例精美、理论扎实、能举一反三的图书却极为少见。而本书以读者需求的角度为出发点，可以更好地帮助读者学习Photoshop。

　　首先感谢读者朋友选择并阅读此书。
　　本书以设计制图软件Photoshop CC作为平台，向读者介绍了服装设计与制图中常用的操作方法和设计要领。本书以软件语言为基础，结合大量的理论知识作为依据，并且每章安排了大量的精彩案例，让读者不仅对软件有全面的理解和认识，更对服装设计行业的方法和要求有更深层次的感受。同时，本书在后7章以大型的案例，讲解了服装设计中最常用的几个方向，完整地介绍了大型项目实例的制作流程和技巧。

软件简介

　　Photoshop由Adobe公司开发的一款制图软件，它是一款集设计制图、图像处理、位图编辑、排版分色等多种功能于一身，广泛地应用于服装款式图设计、平面设计等行业，深得设计师们喜爱的软件。Photoshop CC是Adobe公司2013年发布的版本，在Photoshop CC版本中新增了相机防抖动功能，对Camera RAW功能、图像采样、属性面板都进行了改进和提升，还集成了Behance等功能以及Creative Cloud。

本书内容概述

章 节	内 容
Chapter 01	主要讲解了Photoshop的基础操作
Chapter 02	主要讲解了选区的创建与编辑方法
Chapter 03	主要讲解了多种绘画工具与填充操作的使用方法
Chapter 04	主要讲解了矢量绘图工具的使用方法
Chapter 05	主要讲解了调色命令的使用方法
Chapter 06	主要讲解了文字的创建及其编辑方法和技巧
Chapter 07	主要讲解了图层、蒙版、通道的使用方法
Chapter 08	主要讲解了滤镜的使用方法
Chapter 09	主要讲解T恤衫设计，介绍了T恤衫的基本知识，并通过T恤衫款式图的绘制进行练习
Chapter 10	主要讲解衬衫设计，介绍了衬衫的基础知识，并通过案例练习衬衫款式图的设计制作
Chapter 11	主要讲解外套设计，介绍了外套的基本知识，并通过外套款式图的制作进行练习
Chapter 12	主要讲解裙装设计，介绍了裙装的基本知识，并通过连衣裙款式图的绘制进行练习
Chapter 13	主要讲解裤子设计，介绍了裤子的基本知识，并通过裤装款式图的绘制进行练习
Chapter 14	主要讲解童装设计，介绍了童装的基本知识，并通过童装款式图的绘制进行练习
Chapter 15	主要讲解礼服设计，介绍了礼服的基本知识，并通过礼服款式图的绘制进行练习

赠送超值资料

为了帮助读者更轻松地学习本书，特附网盘下载地址，附赠了如下学习资料：

● 书中全部实例的素材文件，方便读者高效学习；

● 语音教学视频，手把手教你学，让学习变得更简单。

下载地址：

http://yunpan.cn/crW5ChZQZTbxv

访问密码：0196

适用读者群体

本书是引导读者轻松掌握Photoshop的最佳途径。适合的读者群体如下：

● 高等院校刚刚接触Photoshop的莘莘学子；

● 各大中专院校相关专业及Photoshop培训班学员；

● 服装设计的初学者；

● 从事服装设计相关工作的设计师；

● 对Photoshop服装设计感兴趣的读者。

本书由从事服装设计类相关专业的教师编写，全书理论结合实践，不仅有丰富的设计理论，而且搭配了大量实用的案例，并配有课后练习。由于编者能力有限，书中不足之处在所难免，敬请广大读者批评指正。

编 者

CONTENTS

中文版
Photoshop CC
服 装 设 计

目 录

Part 01 基础知识篇

Chapter **01** Photoshop 基础

目 录

Chapter 02 选区

Chapter 03 绘画与填充

Chapter **04** 矢量绘图

Chapter 05 调色技术

Chapter 06 文字

Chapter 07 图层、蒙版、通道

Chapter 08 滤镜的应用

Part 02 综合案例篇

Chapter 13 裤子设计

Chapter 14 童装设计

Chapter 15 礼服设计

01

PART

基础知识篇

前8章是基础知识篇，主要对Photoshop CC各知识点的概念及应用进行详细介绍，熟练掌握这些理论知识，将为后期综合应用中大型案例的学习奠定良好的基础。

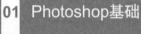

Chapter 01 Photoshop基础

本章概述

Photoshop是一款著名的设计制图软件，也是服装设计师常用的制图软件之一。本章主要讲解Photoshop文档操作、图层操作以及辅助工具的使用等基础知识。通过Photoshop入门级知识的学习，为后面进行服装效果图的绘制操作奠定基础。

核心知识点

❶ 熟悉Photoshop的工作界面
❷ 掌握Photoshop文档的基本操作方法
❸ 掌握页面的缩放、平移等简单操作
❹ 掌握图层的基本操作
❺ 掌握调整图像尺寸、移动、变换等基本操作

1.1 认识 Photoshop

Photoshop是由Adobe公司开发的一款制图软件，它是一款集设计制图、图像处理、位图编辑、排版分色等多种功能于一身，广泛地应用于服装款式图设计、平面设计等行业，深得设计师们喜爱的软件。下图所示的就是使用Photoshop制作的服装款式图。

Photoshop CC是Adobe公司2013年发布的版本，在该版本中新增了相机防抖动功能，对Camera RAW功能、图像采样及属性面板都进行了改进和提升，还集成了Behance等功能以及Creative Cloud。下图所示为Photoshop CC的工作界面。

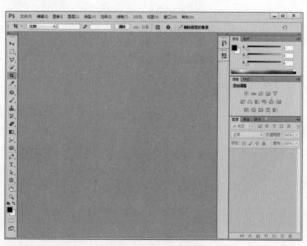

1.1.1 启动Photoshop CC

成功安装Photoshop CC之后，桌面会显示
Photoshop CC的快捷方式图标，双击桌面的Adobe
Photoshop CC快捷方式图标即可启动Photoshop CC，
如右图所示。如果桌面没有该软件的快捷方式图标，
也可以单击桌面左下角的"开始"按钮，打开程序菜
单并选择Adobe Photoshop CC选项。

1.1.2 退出Photoshop

若要退出Photoshop，可以像其他应用程序一样单击右上角的关闭按钮 ✕ 。也可以执行"文件>退
出"命令，如下图所示。

1.1.3 熟悉Photoshop的工作界面

在学习Photoshop的各项功能之前，首先来认识一下Photoshop界面中的各个部分。Photoshop的工
作界面并不复杂，主要包括菜单栏、选项栏、标题栏、工具箱、文档窗口、状态栏及面板，如下图所示。

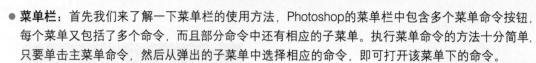

- **菜单栏：**首先我们来了解一下菜单栏的使用方法，Photoshop的菜单栏中包含多个菜单命令按钮，每个菜单又包括了多个命令，而且部分命令中还有相应的子菜单。执行菜单命令的方法十分简单，只要单击主菜单命令，然后从弹出的子菜单中选择相应的命令，即可打开该菜单下的命令。

- **工具箱：**将鼠标指针移动到工具箱中的工具按钮上停留片刻，将会出现该工具的名称和操作快捷键，其中工具按钮的右下角带有三角形图标表示这是一个工具组，每个工具组中又包含多个工具，在工具组上单击鼠标右键即可弹出隐藏的工具。左键单击工具箱中的某一个工具，即可选择该工具，如右图所示。

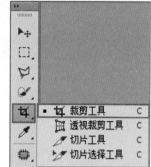

- **选项栏：**在我们使用工具时，也可以进行一定的选项设置。工具的选项大部分集中在选项栏中。单击选中工具箱中的工具后，选项栏中就会显示出该工具的属性参数选项，不同工具的选项栏也不同。例如，当选择"横排文字工具"时，其选项栏会显示如下图所示的内容。

- **图像窗口：**图像窗口是Photoshop中最主要的区域，也是面积最大的区域。图像窗口主要是用来显示和编辑图像，在操作中我们可以根据需要对图像窗口的大小、位置等进行操作。图像窗口一般由标题栏、文档窗口组成。打开一个文档以后，Photoshop会自动创建一个标题栏。在标题栏中会显示这个文档的名称、格式、窗口缩放比例以及颜色模式等信息。文档窗口是显示打开图像的地方。

- **状态栏：**状态栏位于工作界面的最底部，用来显示当前图像的信息，包括当前文档的大小、文档尺寸、当前工具和窗口缩放比例等信息。单击状态栏中的三角形图标，可以设置要显示的内容。

- **面板：**默认状态下，在工作界面的右侧显示着多个面板或面板的图标，其实面板的主要功能是用来配合图像的编辑，对操作进行控制以及设置参数等。如果想要打开某个面板，只需单击"窗口"菜单按钮，然后执行需要打开的面板命令即可。

1.1.4 使用不同的工作区

在Photoshop中提供了多种可以轻松更换的工作区，执行"窗口>工作区"菜单命令，可以在子菜单中看到不同类型的工作区命令选项。单击选择这些命令即可完成切换，如右图所示。

1.2 图像的创建与使用

在Photoshop中进行的一切操作都是基于"图像"进行的，所以首先需要创建一个新的图像，或者打开已有的图像。而图像操作完成后需要对其进行存储、关闭或打印等操作。

1.2.1 新建图像

执行"文件>新建"菜单命令，或按快捷键Ctrl+N，即可打开"新建"对话框。例如要创建用于印刷的A4大小的文档，执行"文件>新建"菜单命令，设置文档的"名称"，接着单击"预设"下拉箭头，选择"国际标准纸张",并在"大小"下拉列表中选择"A4",设置"分辨率"为300像素/英寸。另外，由于该文档需要印刷，所以要求将印刷品的"颜色模式"设置为"CMYK颜色"。最后单击"确定"按钮，文档就创建完成了，如下图所示。

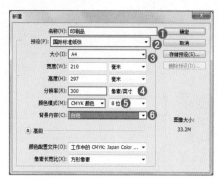

- **名称**：设置文档的名称，默认情况下的文档名为"未标题-1"。如果在新建文档时没有对文档进行命名，则可以通过执行"文件>存储为"菜单命令在存储该文档时对文档进行名称进行修改。
- **预设**：选择一些内置的常用尺寸，单击"预设"下拉按钮即可进行选择。
- **大小**：用于设置预设类型的大小，在设置"预设"为"美国标准纸张"、"国际标准纸张"、"照片"、Web、"移动设备"或"胶片和视频"时，"大小"选项才可用。
- **宽度/高度**：设置文档的宽度和高度，其单位有"像素"、"英寸"、"厘米"、"毫米"、"点"、"派卡"和"列"7种。
- **分辨率**：用来设置文档的分辨率大小。在一般情况下，图像分辨率越高，印刷质量就越好。
- **颜色模式**：设置文档的颜色模式以及相应的颜色深度。
- **背景内容**：设置文档的背景内容，有"白色"、"背景色"和"透明"三个选项。
- **颜色配置文件**：用于设置新建文件的颜色配置。
- **像素长宽比**：用于设置单个像素的长宽比例，通常情况下保持默认的"方形像素"即可，如果需要应用于视频文档，则需要进行相应的更改。

1.2.2 打开图像

在Photoshop中可以打开很多种常见的图像格式文件，例如JPG、BMP、PNG、GIF、PSD等。执行"文件>打开"菜单命令，在弹出的"打开"对话框中定位到需要打开的图像文件的所在位置，接着选中文件，然后单击"打开"按钮，如下左图所示。随即可打开该图像，如下右图所示。

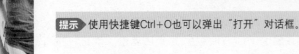

　　如果要同时打开多个文件，可以在对话框中按住Ctrl键加选要打开的文件，然后单击"打开"按钮即可，如右图所示。

1.2.3　置入图像

　　利用"置入"命令可以向已有的图像中添加其他图形图像等元素。在已有的图像中执行"文件>置入"命令，如下左图所示。然后在弹出的对话框中单击选择需要置入图像的对象，继续单击"置入"按钮，即可完成置入操作，如下右图所示。

　　素材会以智能对象的形式被置入到图像中，如果需要调整置入对象的大小，就需要将光标定位到对象的界定框边缘处，按住鼠标左键并拖动进行调整置入对象的大小，如右图所示。调整完成后按下Enter键即可置入素材，如下图所示。如果想要对智能对象的内容进行编辑，就需要在该图层上右击并执行"栅格化图层"命令，如下右图所示。

1.2.4 存储图像

使用"存储"命令可以保留对图像所做的更改，并且会替换掉上一次保存的图像。执行"文件>存储"菜单命令或按快捷键Ctrl+S即可对图像进行保存。

如果对新建的图像执行"文件>存储"菜单命令，系统会弹出"另存为"对话框。执行"文件>存储为"命令，也会弹出"另存为"对话框。在"文件名"文本框中输入需要存储的文件的名称；单击"保存类型"下拉按钮，在弹出的列表中选择一种合适的格式，然后单击"保存"按钮即可完成文件的另存，如右图所示。

1.2.5 关闭图像

执行"文件>关闭"命令，或使用快捷键Ctrl+W可以关闭当前图像。执行"文件>关闭全部"菜单命令或按快捷键Alt+Ctrl+W，可以关闭Photoshop中的所有图像。

1.2.6 打印

文件制作完成后，可以执行"文件>打印"命令进行图像的打印。执行该命令后会打开"Photoshop打印设置"对话框，在该对话框中可以预览打印作业的效果，并且可以对打印机、打印份数、输出选项和色彩管理等进行设置，如右图所示。

- **打印机**：选择打印机。若只有一台那就无须选择，若是多台，就要点下拉菜单，从下拉菜单中的多台打印机内选出你准备使用的打印机型号。
- **打印设置**：单击该按钮，可以打开一个属性对话框。在该对话框中可以设置纸张的方向、页面的打印顺序和打印页数。
- **"纵向打印纸张"按钮**▦/**"横向打印纸张"按钮**▦：将纸张方向设置为纵向或横向。
- **位置**：勾选"居中"选项，可以将图像定位于可打印区域的中心；关闭"居中"选项，可以在"顶"和"左"数值框中输入数值来定位图像，也可以在预览区域中移动图像进行自由定位，从而打印部分图像。
- **缩放后的打印尺寸**：将图像缩放打印。如果勾选"缩放以适合介质"选项，可以自动缩放图像到适合纸张的可打印区域，尽可能打印最大的图片。如果关闭"缩放以适合介质"选项，可以在"缩放"数值框中输入图像的缩放比例，或在"高度"和"宽度"数值框中设置图像的尺寸。
- **定界框**：若关闭"居中"和"缩放以适合介质"选项，可以通过调整定界框来移动或缩放图像。
- **颜色处理**：在选择颜色处理方式时，选择"打印机管理颜色"选项，如果用户没有针对打印机和

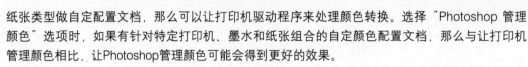

纸张类型做自定配置文档，那么可以让打印机驱动程序来处理颜色转换。选择"Photoshop 管理颜色"选项时，如果有针对特定打印机、墨水和纸张组合的自定颜色配置文档，那么与让打印机管理颜色相比，让Photoshop管理颜色可能会得到更好的效果。

- **打印机配置文件**：选择适用于打印机和将使用的纸张类型的配置文档。只有在选择了"Photoshop 管理颜色"以后，"打印机配置文件"选项才能被激活。
- **渲染方法**："渲染方法"用于指定Photoshop如何将颜色转换为目标色彩空间。"渲染方法"下拉列表中有4个选项，分别是：可感知、饱和度、相对比色、绝对比色。
- **黑场补偿**：黑场补偿是指通过模拟输出设备的全部动态范围来保留图像中的阴影细节，所以一般都会选择。
- **角裁剪标志**：在要裁剪页面的位置打印裁剪标记。可以在角上打印裁剪标记。
- **中心裁剪标志**：在要裁剪页面的位置打印裁剪标记，甚至可以在每个边的中心打印裁剪标记。
- **说明**：打印在"文件简介"对话框中输入的任何说明文本（最多约300个字符），将始终采用9号Helvetica无格式字体打印说明文本。
- **套准标记**：在图像上打印套准标记（包括靶心和星形靶）。这些标记主要用于对齐分色。
- **药膜朝下**：可以将图像水平翻转。药膜朝下使文字在药膜朝下（即胶片或相纸上的感光层背对着你）时可读。正常情况下，打印在纸上的图像是药膜朝上打印的，感光层正对着你时文字可读。打印在胶片上的图像通常采用药膜朝下的方式打印。
- **背景**：背景选择就是要在页面上的图像区域外打印的背景色。单击"背景"按钮，然后从拾色器中选择一种颜色。这仅是一个打印选项，它不影响图像本身。
- **边界**：在图像周围打印一个黑色边框，键入一个数字并选择单位值，指定边框的宽度。
- **出血**：在图像内而不是在图像外打印裁剪标记。使用此选项可在图形内裁剪图像，键入一个数字并选择单位值，指定出血的宽度。

1.2.7 调整图像显示比例与显示区域

在Photoshop工具箱的下半部分可以看到用于图像缩放的"缩放工具"和用于平移图像的"抓手工具"。

01 单击工具箱中的"缩放工具"，然后将光标移动至画面中，可以看到此时光标显示为一个中心带有加号的放大镜，如下左图所示。然后在画面中单击即可放大图像，如下右图所示。

02 按住Alt键，光标会变为中心带有减号的版本，单击要缩小的区域的中心，每单击一次，视图便缩小到下一个预设百分比，如下图所示。

中文版Photoshop CC服装设计

03 使用"抓手工具" 🖑可以调整文档显示的区域。单击工具箱中的"抓手工具"按钮，在画面中单击并按住鼠标左键向所需观察的图像区域移动，如下左图所示。移动到相应位置后松开鼠标，效果如下右图所示。

1.2.8　设置多个图像的排列形式

很多时候我们需要在Photoshop中打开多个图像，这时设置合适的多图像显示方式就很重要了。执行"窗口>排列"命令，在子菜单中可以选择一个合适的排列方式，如下图所示。

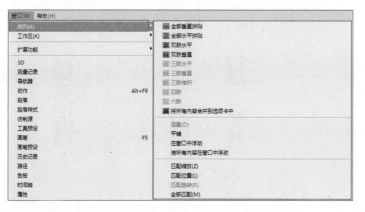

1.3 使用"图层"模式进行编辑

在Photoshop中，无论是绘图还是对图像进行修饰，都需要基于图层进行操作。执行"窗口>图层"命令，即可打开"图层"面板，如右图所示。在这里可以对图层进行新建、删除、选择、复制等操作。

- **锁定透明像素**：选中图层，单击该按钮可以将编辑范围限制为只针对图层的不透明部分。
- **锁定图像像素**：选中图层，单击该按钮可以防止使用绘画工具修改图层的像素。
- **锁定位置**：选中图层，单击该按钮可以防止图层的像素被移动。
- **锁定全部**：选中图层，单击该按钮可以锁定透明像素、图像像素和位置，处于这种状态下的图层将不能进行任何操作。
- **设置图层混合模式**：用来设置当前图层的混合模式，使之与下面的图像产生混合。在下拉列表中有很多的混合模式类型，不同的混合模式，与下面图层的混合效果不同。
- **设置图层不透明度**：用来设置当前图层的不透明度。
- **设置填充不透明度**：用来设置当前图层的填充不透明度。该选项与"不透明度"选项类似，但是不会影响图层样式效果。
- **处于显示/隐藏状态的图层**：当该图标显示为眼睛形状时表示当前图层处于可见状态，而处于空白状态时则当前图层处于不可见状态。单击该图标可以在显示与隐藏之间进行切换。
- **链接图层**：选择多个图层，单击该按钮，所选的图层会被链接在一起。当链接好多个图层以后，图层名称的右侧就会显示出链接标志。被链接的图层可以在选中其中某一图层的情况下进行共同移动或变换等操作。
- **添加图层样式**：单击该按钮，在弹出菜单中选择一种样式，可为当前图层添加一个图层样式。
- **创建新的填充或调整图层**：单击该按钮，在弹出的菜单中选择相应的命令即可创建填充图层或调整图层。
- **创建新组**：单击该按钮即可创建出一个图层组。
- **创建新图层**：单击该按钮即可在当前图层上一层新建一个图层。
- **删除图层**：选中图层，单击图层面板底部的"删除图层"按钮可以删除该图层。

1.3.1 选择图层

想要选中某个图层，只需要在"图层"面板中单击该图层，即可将其选中，如下左图所示。如果要选择多个图层，可在按住Ctrl键的同时单击其他图层，如下中图所示。

执行"选择>取消选择图层"命令，或在"图层"面板空白处单击鼠标左键，即可取消选择所有图层，如下右图所示。

1.3.2 新建图层

在"图层"面板底部单击"创建新图层"按钮
，即可在当前图层上一层新建一个图层。单击新
建的图层即可选中该图层，然后在这个图层中便可
以进行绘图操作，如右图所示。

1.3.3 删除图层

选中图层，单击"图层"面板底部的"删除图
层"按钮，可以删除该图层，如右图所示。

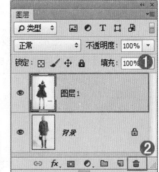

> **提示** 执行"图层>删除>隐藏图层"菜单命令，可以删
> 除所有隐藏的图层。

1.3.4 复制图层

想要复制某一图层，只需单击"图层"面板右上角的扩展按钮，执行"复制图层"命令，如下
左图所示；再在弹出的"复制图层"对话框中设置图层名称，然后单击"确定"按钮即可，如下右图所
示。也可以使用快捷键Ctrl+J。

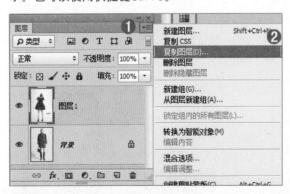

1.3.5 调整图层的堆叠顺序

当图像中包含多个堆叠的图层时，处于"图层"面板上方的图层会遮挡下方的图层。如果想要调整
图层的堆叠顺序，只需在要调整的图层上按住鼠标左键并将其拖曳到另外一个图层的上面或下面，即可
调整图层的堆叠顺序。更改图层堆叠顺序后，画面的效果也会发生改变。

在下左图中需要将"纹理"图层移动到画面的后方，将画面中的内容显示出来。在"图层"面板中

选择"纹理"图层,按住鼠标左键将其拖曳到"背景"图层的上方,松开鼠标左键,如下中图所示。此时画面效果如下右图所示。

> **提示** 还可以使用菜单命令调整图层堆叠顺序。选中要移动的图层,然后执行"图层>排列"菜单下的子命令,即可调整图层的堆叠顺序。

1.3.6 移动图层

想要移动某个图层,也需要首先在"图层"面板中选中该图层,然后单击"移动工具" ,接着在画布中按住鼠标左键拖曳即可移动选中的对象,如下图所示。

> **提示** 在使用"移动工具"移动图像时,按住Alt键拖曳图像,可以在移动的同时复制图像,并生成一个拷贝图层。当在图像中存在选区的前提下按住Alt键拖曳图像,可以在原图层复制图像,不会产生新图层。

还可以在不同的文档之间移动图层。使用"移动工具" ,按住鼠标左键将要移动的图层拖曳至另一个文档中,松开鼠标即可将其复制到另一个文档中,如下图所示。

> **提示** 当图像中存在选区时,选中普通图层使用"移动工具"进行移动时,选中图层内的所有内容都会移动,且原选区显示透明状态。当选中的是背景图层,使用"移动工具"进行移动时,选区画面部分将会被移动且原选区被填充背景色。

1.3.7　对齐图层

想要将图层按照一定的方式进行排列或对齐，可以按住Ctrl键并单击选择这些图层，然后使用"移动工具"选项栏中的对齐按钮  进行调整，如右图所示。

例如单击"左对齐"　按钮，效果如下左图所示。单击"水平居中对齐"　按钮，效果如下右图所示。

提示 "移动工具"选项栏中的对齐按钮分别介绍如下。
- **顶对齐**：将所选图层最顶端的像素与当前图层最顶端的中心像素对齐。
- **垂直居中对齐**：将所选图层的中心像素与当前图层垂直方向的中心像素对齐。
- **底对齐**：将所选图层的最底端像素与当前图层最底端的中心像素对齐。
- **左对齐**：将所选图层的中心像素与当前图层左边的中心像素对齐。
- **水平居中对齐**：将所选图层的中心像素与当前图层水平方向的中心像素对齐。
- **右对齐**：将所选图层的中心像素与当前图层右边的中心像素对齐。

1.3.8　分布图层

"分布"用于调整出图层之间相等的距离，如使垂直方向的距离相等，或者水平方向的距离相等。使用"分布"命令时，图像中必须包含多个图层（至少为3个图层，且"背景"图层除外）。选中要进行分布的图层，在使用"移动工具"状态下，选项栏中有一排分布按钮 。

右边左图所示为原图，接着加选所要分布的图层，然后单击选项栏中的"垂直居中分布"　按钮，效果如右边的右图所示。

提示 "移动工具"选项栏中的分布按钮介绍如下。
- **按顶分布**：单击该按钮时，将平均每一个对象顶部基线之间的距离，调整对象的位置。
- **垂直居中分布**：单击该按钮时，将平均每一个对象水平中心基线之间的距离，调整对象的位置。
- **按底分布**：单击该按钮时，将平均每一个对象底部基线之间的距离，调整对象的位置。
- **按左分布**：单击该按钮时，将平均每一个对象左侧基线之间的距离，调整对象的位置。
- **水平居中分布**：单击该按钮时，将平均每一个对象垂直中心基线之间的距离，调整对象的位置。
- **按右分布**：单击该按钮时，将平均每一个对象右侧基线之间的距离，调整对象的位置。

1.3.9　图层的其他基本操作

下面对图层的其他基本操作进行讲解说明。

- **合并图层**：想要将多个图层合并为一个图层，可以在"图层"面板中按住Ctrl键加选需要合并的图层，然后执行"图层>合并图层"菜单命令或按快捷键Ctrl+E即可。
- **合并可见图层**：执行"图层>合并可见图层"菜单命令或按快捷键Ctrl+Shift+E可以将"图层"面板中的所有可见图层合并成为背景图层。
- **拼合图像**："拼合图像"命令可以将所有图层都拼合到"背景"图层中。执行"图层>拼合图像"命令即可将全部图层合并到背景图层中，如果有隐藏的图层则会弹出一个提示对话框，提醒用户是否要扔掉隐藏的图层。
- **盖印图层**：盖印可以将多个图层的内容合并到一个新的图层中，同时保持其他图层不变。选择多个图层，然后使用"盖印图层"快捷键Ctrl+Alt+E，即可将这些图层中的图像盖印到一个新的图层中，原始图层的内容保持不变。按快捷键Ctrl+Shift+Alt+E，可以将所有可见图层盖印到一个新的图层中。
- **栅格化图层**：栅格化图层是指将"特殊图层"转换为普通图层的过程（比如图层上的文字、形状等）。选择需要栅格化的图层，然后执行"图层>栅格化"菜单下的子命令，或者在"图层"面板中选中该图层并右击，然后执行相应的栅格化命令。

1.4　撤销错误操作

在使用Photoshop绘制设计方案时难免会出现错误操作，这时可以利用Photoshop的撤销错误操作的功能进行"补救"。

1.4.1　后退一步、前进一步、还原、重做

（1）如果操作错误了，使用"编辑>后退一步"命令可以退回到上一步操作的效果，连续使用该命令可以逐步撤销操作。

（2）如果要取消还原的操作，只需执行"编辑>前进一步"菜单命令即可，连续使用可以逐步恢复被撤销的操作。

（3）执行"编辑>还原"菜单命令或使用快捷键Ctrl+Z，可以撤销最近的一次操作，将其还原到上一步操作状态。

（4）如果想要取消"还原"操作，可以执行"编辑>重做"菜单命令，快捷键也是Ctrl+Z。

1.4.2　恢复

执行"文件>恢复"菜单命令，可以直接将文件恢复到最后一次保存时的状态。

1.4.3　历史记录面板

"历史记录"面板是一个记录最近操作记录的管理器，在这里可以通过单击某一个操作的名称回到这一操作步骤的状态下。默认状态下"历史记录"面板保存最近20步操作。

执行"窗口>历史记录"菜单命令，即可打开"历史记录"面板，如下左图所示。如果想要回到某一个步骤的效果，可以在面板中单击该步骤，图像就会返回到该步骤时的效果，如下右图所示。

1.5   图像处理的基础操作

在这一小节中将主要介绍图像处理的一些基础操作，例如修改图像的尺寸、对画面进行裁剪、对图像进行变形等的操作。

1.5.1   调整图像尺寸

"图像大小"命令可用于调整图像文件整体的长宽尺寸。执行"图像>图像大小"命令，打开"图像大小"对话框。在这里可以进行宽度、高度、分辨率的设置，在设置尺寸数值之前要注意单位的设置。
设置完毕后单击"确定"按钮提交操作，如右图所示。接下来图像的大小会发生相应的变化。

启用"限制长宽比"❽后，在对图像大小进行调整后，其原有的样式会按照比例进行缩放。单击"重新采样"下三角按钮▾，在下拉列表中可以选择重新取样的方式。

1.5.2   修改画布大小

"画布"指的是整个可以绘制的区域而非部分图像区域。使用"画布大小"命令可以增大或缩小可编辑的画面范围。执行"图像>画布大小"命令打开"画布大小"对话框，如右图所示。

- **新建大小**：在"宽度"和"高度"数值框中设置修改后的画布尺寸。
- **相对**：勾选此选项时，"宽度"和"高度"数值将代表实际增加或减少的区域的大小，而不再代表整个文件的大小。输入正值就表示增加画布，如果输入负值就表示减小画布。
- **定位**：主要用来设置当前图像在新画布上的位置。
- **画布扩展颜色**：当新建大小大于原始文档尺寸时，在此处可以设置扩展区域的填充颜色。

增大画布大小，原始图像内容的大小不会发生变化，增加的是画布大小在图像周围的编辑空间，增大的部分则使用选定的填充颜色进行填充；但是如果减小画布大小，图像则会被裁切掉一部分，如下图所示。

原图

扩大画布

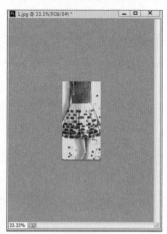
缩小画布

1.5.3 裁剪工具

"裁剪工具" 可以通过在画面中绘制特定区域的方式确定保留范围，区域以外的部分会被删除。单击工具箱中的"裁剪工具"，在画面中按住鼠标左键并拖曳，绘制出要保留的范围。松开鼠标后，要被裁剪掉的区域显示为被半透明灰色覆盖的效果，如下左图所示。此时如果对裁剪的范围不满意，可以将鼠标光标放在裁剪框上，按住鼠标左键拖动裁剪框大小来调整裁剪区域，如下中图所示。调整完成后，按下Enter键确定裁剪，多余区域被删除掉后的效果如下右图所示。

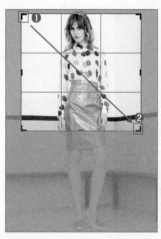

单击工具箱中的"裁剪工具"，在选项栏中可以进行约束方式、拉直等选项的设置，如右图所示。

- **约束方式** 比例 ⌄：在下拉列表中可以选择多种裁切的约束比例。
- **设定裁剪框的长宽比** ：用来自定义约束比例。
- **清除** 清除 ：单击该按钮可清除长宽比。
- **拉直** ：通过在图像上画一条直线来拉直图像。
- **删除裁剪的像素**：确定是否保留或删除裁剪框外部的像素数据。如果不勾选该选项，多余的区域可以处于隐藏状态。如果想要还原裁切之前的画面，只需再次选择"裁剪工具"，然后随意操作即可。

1.5.4　透视裁剪工具

"透视裁剪工具" 可以在对图像进行裁剪的同时调整图像的透视效果。该工具既可以用于创造透视感，也可以用于去掉图像的透视感。

单击工具箱中的"透视裁剪工具" ，按住鼠标左键拖动即可绘制裁剪框，如下左图所示。将光标定位到裁剪框的一个控制点上，按住鼠标左键并拖动即可使控制框变为不规则的四边形，如下中图所示。调整完成后按Enter键结束操作，此时图像的透视感发生了变化，如下右图所示。

1.5.5　旋转画布

"图像>图像旋转"下的子命令可以使图像旋转特定角度或进行翻转。选择需要旋转的图像，如下左图所示。

执行"图像>图像旋转"命令，可以看到在"图像旋转"子菜单中提供了6种旋转画布的命令，如下中图所示。下右图所示为分别执行6种旋转画布命令的效果。

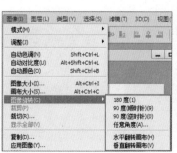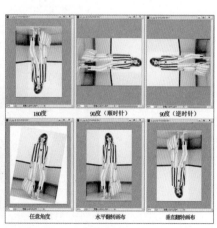

选择"任意角度"命令可以对图像进行任意角度的旋转，在打开的"旋转画布"对话框中输入要旋转的角度并选择顺时针旋转还是逆时针旋转，然后单击"确定"按钮即可完成相应角度的旋转，如下图所示。旋转效果如右图所示。

1.5.6　变换图像

Photoshop可以对图像进行非常强大的变换操作，例如缩放、旋转、斜切、扭曲、透视、变形、翻转等。选中需要变换图像所在的图层，执行"编辑>自由变换"命令（快捷键Ctrl+T），此时对象四周出现了定界框，四角处以及定界框四边的中间都有控制点，如下左图所示。将鼠标光标放在控制点上，按住鼠标左键拖动控制框即可对图像进行缩放，如下右图所示。

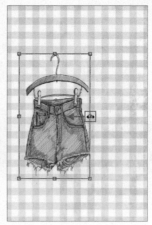

将光标放在四角处的控制点上并按住Shift键拖动，可以保持图像的长宽比进行缩放，图像不会变形，如下左图所示。将光标定位到定界框以外，当光标变为弧形的双箭头时，按住鼠标左键并拖动即可以任意角度旋转图像，如下右图所示。

在自由变换状态下于画面中单击鼠标右键，可以看到更多的变换方式，如下左图所示。使用〝斜切〞可以使图像倾斜，从而制作出透视感。按住鼠标左键拖动控制点即可沿控制点的单一方向实现倾斜，如下右图所示。

在自由变换状态下右击并执行〝扭曲〞命令，可以任意调整控制点的位置，如下左图所示。使用〝透视〞可以矫正图像的透视变形，还可以对图像应用单点透视来制作透视效果。在自由变换状态下右击并执行〝透视〞命令，然后随意拖曳定界框上的控制点，其他的控制点会自动发生变化，在水平或垂直方向上对图像应用透视，如下右图所示。

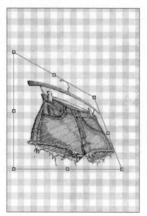
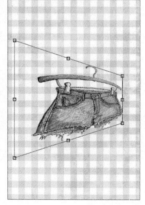

使用〝变形〞命令可以对图像内容进行自由变形扭曲。在自由变换状态下右击并执行〝变形〞命令，图像上将会出现网格状的控制框。此时在选项栏可以选择一种形状来确定图像变形的方式，如下左图所示。还可以直接在网格上按住鼠标左键并拖动，调整网格形态实现对图像的变形，如下右图所示。

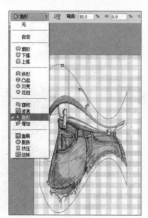

在自由变换状态下右击，还可以看到另外三个命令：旋转180度、旋转90度（顺时针）、旋转90度（逆时针）。使用这3个命令，可以使图像按照指定角度旋转，效果如下图所示。

  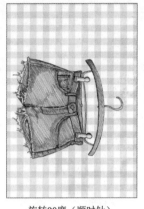 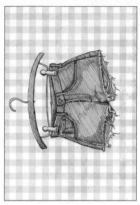

| 原图 | 旋转180度 | 旋转90度（顺时针） | 旋转90度（逆时针） |

"水平翻转"与"垂直翻转"命令非常常用，可以使图像进行水平方向上和垂直方向上的翻转，如下图所示。

| 原图 | 水平翻转 | 垂直翻转 |

1.5.7　操控变形

选择一个普通图层，执行"编辑>操控变形"菜单命令，图像上将会布满网格，如下左图所示。在图像上单击鼠标左键可以添加用于控制图像变形的"图钉"（也就是控制点），如下右图所示。

拖曳控制点即可调整图像，如下左图所示。调整完成后按Enter键确认调整，效果如下右图所示。

1.5.8　内容识别比例

选择需要变换的对象，如下左图所示。然后使用"自由变换"命令对画面进行缩放，可以看到横向缩放后的图形变形严重，如下中图所示。

若使用"内容识别比例"命令对图形进行缩放，可自动识别画面中主体物，在缩放时尽可能保持主体物不变，通过压缩背景部分来改变画面整体大小。选择需变换的对象执行"编辑>内容识别比例"命令，随即会显示定界框，然后进行缩放操作，可看到人物没有发生变形，效果如下右图所示。

提示 "内容识别比例"允许在调整大小的过程中使用Alpha通道来保护内容。可以在"通道"面板中创建一个用于"保护"特定内容的Alpha通道（需要保护的内容为白色，其他区域为黑色）。然后在选项栏中的"保护"下拉列表中选择该通道即可。单击选项栏中的"保护肤色"按钮，在缩放图像时可以保护人物的肤色区域，避免人物的变形。

1.6 辅助工具

Photoshop中提供了多种辅助工具，可以辅助用户更加准确而便捷地进行绘图操作。

1.6.1 标尺与辅助线

执行"视图>标尺"菜单命令或按快捷键Ctrl+R，此时可以看到窗口顶部和左侧出现了标尺，标尺上显示着精准的数值，在对图像的操作过程中可以进行精确的尺寸控制，如右图所示。

提示 如果在水平的标尺上按住鼠标左键并拖动，即可创建一条水平的参考线。

标尺与参考线总是一起使用的。参考线的创建非常简单，将光标放置在垂直标尺上，按住鼠标左键向文档窗口内拖曳，此时光标为✛状，如下左图所示。拖曳至相应位置后松开鼠标，即可创建一条参考线，如下右图所示。

如果要移动参考线，可以选择"移动工具"，然后将光标放置在参考线上，当光标变成分隔符形状✛时，按住鼠标左键拖动参考线即可，如下左图所示。若要将某一条参考线删除，可以选择该参考线，然后拖曳至标尺处，松开鼠标即可删除该参考线，如下右图所示。

1.6.2 智能参考线

　　"智能参考线"是一种无须创建的参考线，只需要执行"视图>显示>智能参考线"菜单命令，即可启用智能参考线。启用智能参考线后，在对象的编辑过程中即可自动地帮助用户校准图像、切片和选区等对象的位置。例如绘制选区时可以看到粉色的智能参考线，如下图所示。

1.6.3 网格

　　"网格"主要用于辅助用户在制图过程中更好地绘制出标准化图形。执行"视图>显示>网格"菜单命令，就可以在画布中显示出网格，如下图所示。

 ## 知识延伸：对齐

　　执行"视图>对齐"命令后，用户在制图过程中就可以自动捕捉参考线、网格、图层等对象。执行"视图>对齐到"下的子命令，可以设置想要在绘图过程中自动捕捉的内容，如右图所示。

✔ 对齐(N)	Shift+Ctrl+;
对齐到(T) ▶	✔ 参考线(G)
	网格(R)
锁定参考线(G) Alt+Ctrl+;	✔ 图层(L)
清除参考线(D)	切片(S)
新建参考线(E)...	✔ 文档边界(D)
锁定切片(K)	全部(A)
清除切片(C)	无(N)

上机实训：完成图像文件操作的整个流程

通过本章的学习，相信大家已经了解了在Photoshop中制作图像文件的基本操作，本实训将通过非常简单的案例的制作梳理文档操作的基本思路。

步骤01 打开一个JPG格式的位图素材。执行"文件>打开"命令，在"打开"对话框的右下角选择"所有格式"，然后单击选择素材文件"1.jpg"，如下图所示。

步骤02 单击"打开"按钮，打开素材图像，如下图所示。

步骤03 执行"文件>置入"命令，在对话框中单击选择素材文件"2.png"，如下图所示。

步骤04 单击"置入"按钮完成置入，然后调整素材图像的大小及位置并确认，如下图所示。

步骤05 执行"文件>存储为"命令，在"另存为"对话框中输入文件名，在"保存类型"下拉列表中选择PSD格式，如下图所示。

步骤06 再次执行"文件>存储为"命令，在"另存为"对话框中选择需要保存的位置，设置合适的文件名，在"保存类型"下拉列表中选择JPEG格式，如下图所示。单击"保存"按钮后，可以在存储的文件夹中找到相应的文件。

课后练习

1. 选择题

（1）打开Photoshop后，想要创建新的文件，需要执行"文件"菜单下的_____命令。

    A. 打开   B. 新建

    C. 导入   D. 导出

（2）保存文件的快捷键是_____。

    A. Ctrl+A   B. Ctrl+N

    C. Ctrl+S   D. Ctrl+L

（3）使用_____命令可以在已有的文件中添加其他的位图素材。

    A. 导出   B. 打印

    C. 新建   D. 置入

2. 填空题

（1）想要对文件进行打印，需要执行_____命令。

（2）_____工具可以放大或缩小图像显示比例。

（3）执行_____命令，可以切换标尺的显示与隐藏状态。

3. 上机题

将制作完成的图像文件进行存储。

（1）创建一个图像文件，置入需要使用的素材。

（2）执行"文件>存储为"命令，在"另存为"对话框中设置合适的存储位置。

（3）设置合适的文件名称。

（4）设置文件的格式，然后进行存储。

Chapter 02 选区

本章概述

"选区"是Photoshop的重要功能之一，想要绘制出精细的图形或进行特定区域的编辑都需要使用选区，想要把画面中的部分内容提取出来更需要使用到选区。在Photoshop中有多种可用于制作选区的工具，除此之外还有多个用于选区边缘调整的命令，可以帮助用户获得更加准确的选区。

核心知识点

❶ 选区工具的使用方法
❷ 抠图工具的使用方法
❸ 选区的编辑操作

2.1 选区工具

在Photoshop的工具箱中有多个选区工具，如"矩形选框工具"、"椭圆选框工具"、"套索工具"等，这些选区工具都可用于绘制选区。选择了工具箱中的这些选区工具后，可以在选项栏中看到一些相同的设置选项，如下图所示。下面我们来学习一下。

| 羽化: 0 像素 | ✔ 消除锯齿 | 样式: 正常 ⬥ | 宽度: | ⇄ | 高度: | 调整边缘 ... |

- **选区创建方式设置按钮**：在这里可以设置选区创建的四种方式。单击"新选区"按钮 后，每次绘制都会创建一个新选区，如果已经存在选区，那么新创建的选区将替代原来的选区；单击"添加到选区"按钮 后，当前创建的选区将会添加到原来的选区中；单击"从选区减去"按钮 后，可以将当前创建的选区从原来的选区中减去；单击"与选区交叉"按钮 后，新建选区时只保留原有选区与新创建选区相交的部分，如下图所示。

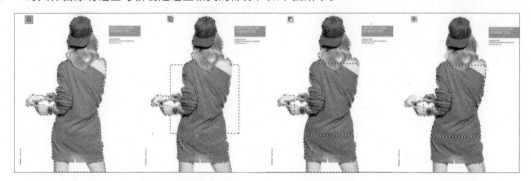

- **羽化**：主要用来设置选区边缘的虚化程度。羽化值越大，虚化范围越宽；羽化值越小，虚化范围越窄。
- **消除锯齿**：可以消除选区锯齿现象。在使用"椭圆选框工具"、"套索工具"、"多边形套索工具"时，"消除锯齿"选项才可用。
- **样式**：用来设置选区的创建方法。当选择"正常"选项时，可以创建任意大小的选区；当选择"固定比例"选项时，可以在右侧的"宽度"和"高度"数值框中输入数值，以创建固定比例的选区；当选择"固定大小"选项时，在右侧的"宽度"和"高度"数值框中输入数值，然后在绘图区单击鼠标左键即可创建一个固定大小的选区。
- **调整边缘**：单击该按钮可以打开"调整边缘"对话框，在该对话框中可以对选区进行平滑、羽化等处理。

2.1.1 矩形选框工具

使用"矩形选框工具"可以创建矩形选区与正方形选区。单击工具箱中的"矩形选框工具"，在画面中按住鼠标左键拖动，松开鼠标后即可得到矩形选区，如右边的左图所示。按住Shift键拖动绘制，可以创建正方形选区，如右边的右图所示。

2.1.2 椭圆选框工具

使用"椭圆选框工具"可以制作椭圆选区和正圆选区。单击工具箱中的"椭圆选框工具"，在画面中按住鼠标左键拖动，松开鼠标后即可得到椭圆选区，如右边的左图所示。按住Shift键拖动绘制，可以创建正圆选区，如右边的右图所示。

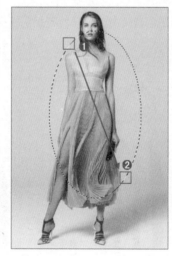

2.1.3 单行选框工具、单列选框工具

使用"单行选框工具"可以创建高度为1像素，宽度与整个页面宽度相同的选区。"单列选框工具"用来创建宽度为1像素，高度与整个页面高度相同的选区。这两个工具使用方法相同，在画面中单击即可得到选区。右侧左图所示为使用"单行选框工具"绘制的选区，右侧右图所示为使用"单列选框工具"绘制的选区。

2.1.4 套索工具

使用"套索工具" 🔇 可以通过随意绘制选区边缘的方式得到不规则选区。选择工具箱中的"套索工具"，按住鼠标左键并拖动，松开鼠标时选区将自动闭合，如下图所示。

2.1.5 多边形套索工具

"多边形套索工具" 🔇 可用于创建转角为尖角的不规则选区。选择"多边形套索工具"，单击鼠标确定选区的起点，接着移动光标到其他位置并单击，两次单击连成一条直线，继续单击其他位置，最后将光标定位到起点处，单击获得选区，如下图所示。

2.2 可用于抠图的选区工具

Photoshop中包含多种选区工具，但是其中有三种工具是利用图像中颜色的差异来创建选区的，这也就为"抠图"提供了便利。

2.2.1 磁性套索工具

"磁性套索工具" 🔇 可以自动检测画面中颜色的差异，并在两种颜色交界的区域创建选区。

单击工具箱中的"磁性套索工具"，将光标定位到画面中颜色差异较大处的边缘，单击鼠标左键，如下图❶所示。然后沿着颜色边界拖动鼠标，随着光标的移动，"磁性套索工具"会自动在边缘处建立节点，如下图❷所示。当光标移动到起点处时会变为🔇状，如下图❸所示。此时单击鼠标左键即可创建选区，如下图❹所示。

> **提示** 单击工具箱中的"磁性套索工具",在选项栏中可以看到相应的设置选项。
>
> - **宽度**:"宽度"值决定了以光标中心为基准,光标周围有多少个像素能够被"磁性套索工具"检测到。如果对象的边缘比较清晰,可以设置较大的值;如果对象的边缘比较模糊,可以设置较小的值。
> - **对比度**:该选项主要用来设置"磁性套索工具"感应图像边缘的灵敏度。如果对象的边缘比较清晰,可以将该值设置得高一些;如果对象的边缘比较模糊,可以将该值设置得低一些。
> - **频率**:在使用"磁性套索工具"勾画选区时,Photoshop会生成很多锚点,"频率"选项就是用来设置锚点的数量。数值越高,生成的锚点越多,捕捉到的边缘越准确,但是可能会造成选区不够平滑。
> - **使用绘图板压力以更改钢笔宽度**:如果计算机配有数位板和压感笔,可以激活该按钮,Photoshop会根据压感笔的压力自动调节"磁性套索工具"的检测范围。

2.2.2 魔棒工具

"魔棒工具"能够自动检测鼠标单击区域的颜色,并得到与之颜色相似区域的选区。

单击工具箱中的"魔棒工具",在使用之前首先需要在选项栏中设置合适的"容差值",接着在某个颜色区域上单击,如下左图所示。随即可以自动获取附近区域相同的颜色,使它们处于选择状态,如下右图所示。

> **提示** "魔棒工具"选项栏中的选项介绍如下。
>
> - **容差**:决定所选像素之间的相似性或差异性,其取值范围为0~255。数值越低,对像素的相似程度的要求越高,所选的颜色范围就越小;数值越高,对像素的相似程度的要求越低,所选的颜色范围就越广。
> - **连续**:当勾选该选项时,只选择颜色连接的区域;当关闭该选项时,可以选择与所选像素颜色接近的所有区域,当然也包含没有连接的区域。
> - **对所有图层取样**:如果图像文件中包含多个图层,勾选该选项时,可以选择所有可见图层上颜色相近的区域;不勾选该选项,则仅选择当前图层上颜色相近的区域。

2.2.3 快速选择工具

"快速选择工具" ☑可以通过涂抹的形式迅速地绘制出与光标所在区域颜色接近的选区。

单击工具箱中的"快速选择工具"按钮☑，在画面上方背景处按住鼠标左键并拖动，如下左图所示。拖动光标时，选区范围不但会向外扩张，而且还可以自动寻找并沿着图像的边缘来描绘边界，如下右图所示。

> **提示** 单击"快速选择工具" ☑，在选项栏中可以进行以下参数的设置。
> - ☑☑☑**选区运算按钮**：激活"新选区"按钮☑，可以创建一个新的选区；激活"添加到选区"按钮☑，可以在原有选区的基础上添加新创建的选区；激活"从选区减去"按钮☑，可以在原有选区的基础上减去当前绘制的选区。
> - ☑"**画笔**"**选择器**：设置画笔的大小、硬度、间距、角度以及圆度。
> - **对所有图层取样**：勾选该选项，Photoshop会根据所有的图层建立选区范围，而不仅是只针对当前图层。
> - **自动增强**：降低选区范围边界的粗糙度与区块感。

2.3 选区的基本操作

选区是一种虚拟对象，但是选区制作完成后也可以对选区进行移动、变换等基本操作。

2.3.1 载入图层选区

想要得到某一图层的选区可以按住键盘上的Ctrl键，并单击该图层的缩览图，如下图所示。

2.3.2 移动选区

当画面中已有选区时，选择选区工具，将光标放置在选区内光标会变为▶状，此时按住鼠标左键并拖曳即可移动选区，如下图所示。

2.3.3 自由变换选区

选区的自由变换操作与"编辑>自由变换"命令的操作方式相同。对已有选区执行"选择>变换选区"命令，选区周围会出现定界框，如下左图所示。拖动定界框上的控制点即可对选区进行变换，如下右图所示。

变换完成之后按下键盘上的Enter键确定变换操作，如下左图所示。单击鼠标右键，还可以选择"透视"、"斜切"、"扭曲"、"变形"等其他变换方式，如下右图所示。

2.3.4 全选

执行"选择>全部"命令或使用快捷键Ctrl+A，可以创建与当前文件边界相同的选区，如右图所示。

2.3.5 反选

当画面中存在选区时，如右侧左图所示。执行"选择>反向"命令，可以得到当前选区以外部分的选区，如右侧右图所示。

2.3.6 取消选择

执行"选择>取消选择"命令或按快捷键Ctrl+D可以去除当前的选区。如果要恢复被取消的选区，可以执行"选择>重新选择"菜单命令。

2.3.7 隐藏与显示选区

执行"视图>显示>选区边缘"命令可以隐藏选区。之后执行"视图>显示>选区边缘"命令可以再次显示被隐藏的选区。

2.4 选区的编辑

制作出了选区后，可以使用"选择"菜单中的命令对选区进行编辑处理。例如"调整边缘"、"边界"、"平滑"、"扩展"、"收缩"、"羽化"等。

2.4.1 调整边缘

"调整边缘"命令可以对选区边缘处的平滑、羽化、对比度、位置等参数进行设置。当图像中包含选区时，如下左图所示，执行"选择>调整边缘"命令可以打开"调整边缘"对话框，在这里可以看到很多选项，如下右图所示。

- **调整半径工具/抹除调整工具**：使用这两个工具可以精确调整发生边缘调整的边界区域。制作头发或毛皮选区时可以使用"调整半径工具"柔化区域以增加选区内的细节。
- **视图模式**："视图模式"选项组主要用于选择当前画面的显示方式。在这里提供了多种可以选择的显示模式，可以更加方便地查看选区的调整结果。
- **智能半径**：自动调整边界区域中发现的硬边缘和柔化边缘的半径。
- **半径**：确定发生边缘调整的选区边界的大小。对于锐边，可以使用较小的半径；对于较柔和的边缘，可以使用较大的半径。
- **平滑**：减少选区边界中的不规则区域，以创建较平滑的轮廓。
- **羽化**：模糊选区与周围像素之间的过渡效果。
- **对比度**：锐化选区边缘并消除模糊的不协调感。在通常情况下，配合"智能半径"选项调整出来的选区效果会更好。
- **移动边缘**：当设置为负值时，可向内收缩选区边界；当设置为正值时，可向外扩展选区边界。
- **净化颜色**：将彩色杂边替换为附近完全选中的像素颜色。颜色替换的强度与选区边缘的羽化程度是成正比的。
- **数量**：更改净化彩色杂边的替换程度。
- **输出到**：设置选区的输出方式。

2.4.2 边界

使用"边界"命令可以将选区的边界向内或向外进行扩展，扩展后的选区边界将与原来的选区边界形成新的选区，使用该命令时首先要存在选区，如下左图所示。接着执行"选择>修改>边界"菜单命令，在打开的"边界选区"对话框中通过"宽度"选项设置边界的宽度，设置完成后单击"确定"按钮，如下中图所示。选区效果如下右图所示。

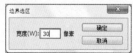

2.4.3 平滑

首先图像中包含选区，如下左图所示。执行"选择>修改>平滑"命令，在弹出的对话框中可以设置

"取样半径"，半径数值越大平滑的程度越大，设置完毕后单击"确定"按钮，如下中图所示。之后即可得到边缘更加平滑的选区，如下右图所示。

2.4.4　扩展

首先图像中包含选区，如下左图所示。接着执行"选择>修改>扩展"命令，打开"扩展选区"对话框，通过"扩展量"设置选区向外进行扩展的宽度，"扩展量"越大，选区增大的尺寸越大。设置完成后，单击"确定"按钮，如下中图所示。选区扩展效果如下右图所示。

2.4.5　收缩

首先图像中包含选区，如下左图所示。接着执行"选择>修改>收缩"菜单命令，在打开的"收缩选区"对话框中通过"收缩量"选项控制选区缩小的宽度，设置完成后单击"确定"按钮，如下中图所示。选区收缩效果如下右图所示。

2.4.6　羽化

"羽化"主要用来设置选区边缘的虚化程度。首先图像中包含选区，如下左图所示。接着执行"选择>修改>羽化"菜单命令，在弹出的"羽化选区"对话框中定义选区的"羽化半径"，如下中图所示。羽化值越大，虚化范围越宽；羽化值越小，虚化范围越窄。设置完成后，单击"确定"按钮。下右图所示是为羽化选区填充颜色的效果。

提示 当"羽化半径"大于选区尺寸时，选区可能会变得非常模糊，以至于选区边界无法显示，但是选区仍然存在。

2.5 选区中内容的剪切、复制、粘贴、清除

　　想要对画面的内容进行剪切，首先需要绘制一个选区，如下左图所示。执行"编辑>剪切"菜单命令或快捷键Ctrl+X，将选区中的内容剪切到剪贴板上，此时图像选区内的像素内容被剪切掉，呈现透明效果，如下右图所示。

　　执行"编辑>粘贴"菜单命令或按快捷键Ctrl+V，可以将剪切的图像粘贴到画布中，如下左图所示。粘贴处的内容成为独立图层，如下中图所示。

　　如果对选区中的内容执行"编辑>拷贝"菜单命令，可以将选区中的图像拷贝到剪贴板中。接下来执行"编辑>粘贴"命令，可以将刚刚拷贝的内容粘贴为独立图层，如下右图所示。

> **提示** 在Photoshop中还有一个"合并拷贝"的功能，"合并拷贝"的原理相当于复制所选的图层，然后将这些图层合并为一个独立的图层。当画面中包含选区时，执行"编辑>合并拷贝"菜单命令或按快捷键Ctrl+Shift+C，将所有可见图层拷贝并合并到剪贴板中。最后按快捷键Ctrl+V可以将合并拷贝的图像粘贴到当前图像或其他图像中。

　　执行"编辑>清除"菜单命令，可以清除选区中的图像，如果被选中的图层为普通图层，那么清除的部分会显示透明，如下图所示。

> **提示** 当选中图层为背景图层时，被清除的区域将填充背景色。

知识延伸：选区的存储与载入

如果要对选区进行存储，可以执行"窗口>通道"命令，打开"通道"面板，再在面板底部单击"将选区存储为通道"按钮 🔲，即可将选区存储为Alpha通道，如右图所示。

想要使用之前在"通道"面板中存储的选区时，可以按住Ctrl键在"通道"面板中单击存储了选区的通道，如右侧的左图所示。这样即可重新载入之前存储起来的选区，如右侧的右图所示。

 上机实训：使用选区工具制作新款服装海报

使用选区工具制作新款服装海报的具体操作步骤介绍如下。

步骤01 执行"文件>打开"命令，打开素材"1.jpg"，如下图所示。

步骤02 执行"文件>置入"命令，将素材"2.jpg"置入，执行"图层>栅格化>智能对象"命令，将图像摆放在合适位置，效果如下图所示。

步骤 03 单击"磁性套索工具"，在选项栏中勾选"消除锯齿"选项，设置"宽度"为10像素，在人像素材上人物身体轮廓的边界处单击，沿着人像身体轮廓移动光标，如下图所示。

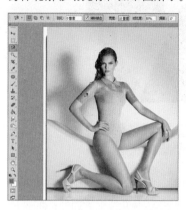

步骤 04 继续移动光标，直至移动到初始位置后单击，得到闭合的人像选区，如下图所示。

步骤 05 在"图层"面板底部单击"创建新图层"按钮，设置前景色为黑色。按快捷键Alt+Delete，为选区填充黑色，效果如下图所示。

步骤 06 接着显示出人像图层，单击工具箱中的"快速选择工具"，将光标移动到衣服上，按住鼠标左键在衣服上拖动，得到服装部分的选区，如下图所示。

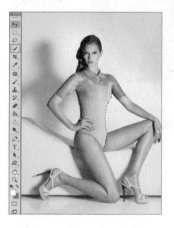

步骤 07 按快捷键Ctrl+J将上衣复制，并将复制出的衣服图层放置在"图层"面板中的最上方，效果如下图所示。

步骤 08 执行"文件>置入"命令，置入素材"3.png"，接着执行"图层>栅格化>智能对象"命令，再将素材图像摆放在头发位置，如下图所示。

步骤 09 单击工具箱中的"矩形选区工具"，在画面下方绘制矩形选区，如下图所示。

步骤 11 单击工具箱中的"横排文字工具"，在选项栏中设置合适的文字样式、文字大小和颜色，在画面中单击鼠标左键并输入文字，如下图所示。

步骤 13 选择刚刚白色矩形所在的图层，在键盘上按下Delete键将选区内的白色删除，然后将文字所在的图层删除，效果如下图所示。

步骤 10 设置前景色为白色，按快捷键Alt+Delete将选区填充为白色，如下图所示。

步骤 12 按住Ctrl键，在"图层"面板中单击文字图层的缩览图，如下右图所示。得到的文字选区如下左图所示。

步骤 14 单击工具箱中的"横排文字工具"，在选项栏中设置合适的文字样式、文字大小和文字填充颜色，在画面中单击鼠标左键输入文字，如下左图所示。最终效果如下右图所示。

课后练习

1. 选择题

（1）想要绘制正方形选区需要按住以下_____键。

　　A. Alt
　　B. Shift
　　C. Ctrl
　　D. M

（2）以下_____工具可以自动检测画面中颜色的差异，并在两种颜色交界的区域创建选区。

　　A. 套索工具
　　B. 多边形套索工具
　　C. 磁性套索工具
　　D. 矩形工具

（3）"全选"的快捷键是_____。

　　A. Ctrl+A
　　B. Ctrl+B
　　C. Ctrl+C
　　D. Ctrl+D

2. 填空题

（1）若要将选区反向选择，需要执行_____命令。

（2）当要取消选区时，可以执行_____命令，或者使用快捷键_____。

（3）能够调出"羽化选区"对话框的快捷键是_____。

3. 上机题

本上机题要求利用磁性套索工具、魔棒工具、快速选择工具等根据颜色差异创建选区的工具对服装素材进行抠图操作，并利用移动工具将素材摆放在合适位置上，制作出服装搭配的展示效果。

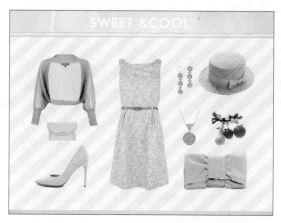

Chapter 03 绘画与填充

本章概述

绘图是Photoshop的重要功能之一，在Photoshop中有非常强大的绘图工具与颜色设置方式。除此之外，还提供了多种用于修饰图像细节的工具，如画笔工具、加深工具、减淡工具、橡皮擦工具等，这些工具在绘制服装效果图时尤为常用。

核心知识点

❶ 设置颜色的方法
❷ 纯色、渐变、图案的填充方法
❸ 画笔工具的使用方法
❹ 修复工具的使用方法
❺ 加深/减淡工具的使用方法

3.1 颜色的设置

想要进行服装效果图的绘制，颜色的设置必不可少。在Photoshop中提供了多种颜色设置的方法，既可以从众多的色彩中选择一种颜色，也可以从画面中吸取一个颜色进行使用。

3.1.1 前景色与背景色

在工具箱的底部可以看到"前景色/背景色"的设置按钮。前景色与背景色针对不同的情况使用，前景色主要用于绘制，而背景色常用于辅助画笔的动态颜色设置、渐变以及滤镜等功能的使用。单击前景色/背景色的色块按钮即可弹出"拾色器"，在拾色器中可以进行颜色选择，如右图所示。

- 🔄 **切换前景色和背景色**：用于切换所设置的前景色和背景色（快捷键为X键）。
- ▪️ **默认前景色和背景色**：恢复默认的前景色和背景色（快捷键为D键）。

在拾色器中，可以选择用HSB、RGB、Lab和CMYK四种颜色模式来指定颜色。首先需要将光标定位在颜色滑块中选择需要选定颜色的大致方向，然后在色域中单击即可选定颜色，如下图所示。

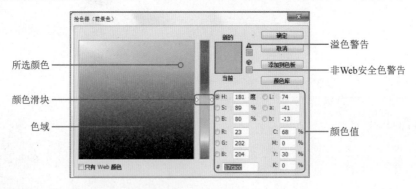

3.1.2 颜色面板

执行"窗口>颜色"命令，即可打开"颜色"面板。设置颜色之前首先需要单击前景色或背景色的色块，然后在面板中调整颜色滑块即可更改颜色。也可以直接输入数值设置精确的颜色，如右图所示。

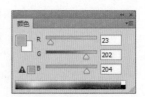

3.1.3　色板面板

执行"窗口>色板"菜单命令,即可打开"色板"面板。在"色板"面板中可以看到大量的色块,单击即可将该色块颜色设置为前景色。除此之外,单击面板的扩展按钮,在弹出菜单中可以看到大量的色板类型,选择其中某一项,如下左图所示;然后在弹出的对话框中单击"追加"按钮,如下右图所示,新增的色板便会出现在"色板"面板中。

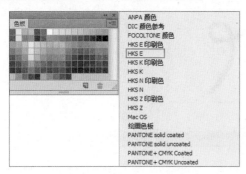
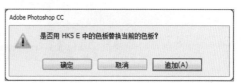

3.1.4　吸管工具

"吸管工具" 可以从画面中吸取颜色作为"前景色"或"背景色"。选择工具箱中的"吸管工具"并在画面中单击,此时拾取的颜色将作为前景色,如下左图所示。若按住Alt键并单击鼠标左键,则此时拾取的颜色将作为背景色,如下右图所示。

3.2　绘画工具

Photoshop的工具箱中有一个画笔工具组,这个工具组中的工具主要用于绘图,它们分别是画笔工具、铅笔工具、颜色替换工具、混合器画笔工具,如右图所示。

3.2.1　画笔工具

"画笔工具" 可以使用前景色绘制出各种线条,还可以使用不同形状的笔尖绘制出特殊效果。选择工具箱中的"画笔工具",在选项栏中单击打开"画笔预设"选取器,在这里需要进行笔尖类型以及大小的选择。在选项栏中还可以进行不透明度以及模式的设置。设置完毕后在画面中按住鼠标左键拖动即可使用前景色绘制出线条,如下图所示。

- **画笔大小**：单击选项栏中的下三角按钮，可以打开"画笔预设"选取器，在这里可以选择笔尖，设置画笔的大小和硬度。
- **模式**：设置绘画颜色与下面现有像素的混合方法。
- **不透明度**：设置画笔绘制出来的颜色的不透明度。数值越大，笔迹的不透明度越高；数值越小，笔迹的不透明度越低。
- **流量**：设置当将光标移到某个区域上方时应用颜色的速率。在某个区域上方进行绘画时，如果一直按住鼠标左键，颜色量将根据流动速率增大，直至达到"不透明度"设置。
- **启用喷枪模式**：激活该按钮以后，可以启用喷枪功能，Photoshop会根据鼠标左键的单击程度来确定画笔笔迹的填充数量。例如，关闭喷枪功能时，每单击一次会绘制一个笔迹；而启用喷枪功能以后，按住鼠标左键不放，即可持续绘制笔迹。
- **绘图板压力控制大小**：使用压感笔压力来覆盖"画笔"面板中的"不透明度"和"大小"设置。

3.2.2　铅笔工具

　　"铅笔工具"的使用方法与"画笔工具"相同，不同点在于"铅笔工具"主要用于绘制硬边的线条。在"铅笔工具"的"画笔预设"选取器中可以看到笔尖类型与画笔工具有着明显的不同，设置合适的大小后，在画面中可以绘制出较硬的线条，如下图所示。

3.2.3 颜色替换工具

　　"颜色替换工具"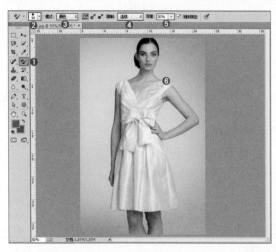可以用前景色替换图像中指定的像素。单击工具箱中的"颜色替换工具"，在选项栏中设置合适的笔尖大小、"模式"、"限制"以及"容差"，然后设置合适的前景色。接着将光标移动到需要替换颜色的区域进行涂抹，被涂抹的区域颜色发生了变化，如下左图所示。效果如下右图所示。

- **模式**：选择替换颜色的模式，包括"色相"、"饱和度"、"颜色"和"明度"。当选择"颜色"模式时，可以同时替换色相、饱和度和明度。
- **取样**：用来设置颜色的取样方式。激活"取样：连续"按钮以后，在拖曳光标时，可以对颜色进行取样；激活"取样：一次"按钮以后，只替换包含第一次单击的颜色区域中的目标颜色；激活"取样：背景色板"按钮以后，只替换包含当前背景色的区域。
- **限制**：当选择"不连续"选项时，可以替换出现在光标下任何位置的样本颜色；当选择"连续"选项时，只替换与光标下的颜色接近的颜色；当选择"查找边缘"选项时，可以替换包含样本颜色的连接区域，同时保留形状边缘的锐化程度。
- **容差**：选取较低的百分比可以替换与所单击处像素非常相似的颜色，而增加该百分比可替换范围更广的颜色。

3.2.4 混合器画笔工具

　　"混合器画笔"是一款用于模拟绘画效果的工具，通过选项栏的设置可以调节笔触的颜色、潮湿度、混合颜色等，如下左图所示。设置完毕后在画面中进行涂抹，即可使画面产生手绘感的效果，如下右图所示。

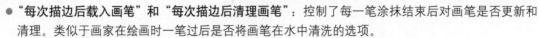

- **"每次描边后载入画笔"**和**"每次描边后清理画笔"**：控制了每一笔涂抹结束后对画笔是否更新和清理。类似于画家在绘画时一笔过后是否将画笔在水中清洗的选项。
- **潮湿**：控制画笔从画布拾取的油彩量，较高的设置会产生较长的绘画条痕。
- **载入**：设置画笔上的油彩量。载入速率较低时，绘画描边干燥的速度会更快。
- **混合**：控制画布油彩量与画笔上的油彩量的比例。当混合比例为100%时，所有油彩将从画布中拾取；当混合比例为0%时，所有油彩都来自储槽。

3.3 画笔面板

执行"窗口>画笔"命令，即可打开"画笔"面板。通过参数设置可以使画笔绘制出形状各异、不连续甚至是五颜六色的笔触效果。而且"画笔"面板的参数设置不仅可以应用于画笔工具，对于橡皮擦工具、加深工具、涂抹工具、锐化工具等也是可以使用的。在"画笔"面板左侧可以看到画笔设置的各项参数列表，单击某项的名称，右侧便会显示相应的参数设置，如右图所示。

- **画笔设置选项**：单击这些画笔设置选项，可以切换到与该选项相对应的设置页面。
- **画笔选项参数**：用来设置画笔的相关参数。
- **画笔描边预览**：选择一个画笔以后，可以在预览框中预览该画笔的外观形状。
- **切换硬毛刷画笔预览**：使用毛刷笔尖时，在画布中实时显示笔尖的样式。
- **创建新画笔**：将当前设置的画笔保存为一个新的预设画笔。

3.3.1 笔尖形状设置

在"画笔笔尖形状"选项面板中可以对画笔的大小、形状等基本属性进行设置，如右图所示。

- **大小**：控制画笔的大小，可以直接输入像素值，也可以通过拖曳大小滑块来设置画笔大小。
- **翻转X/Y**：将画笔笔尖在其X轴或Y轴上进行翻转。
- **角度**：指定椭圆画笔或样本画笔的长轴在水平方向旋转的角度。
- **圆度**：设置画笔短轴和长轴之间的比率。当"圆度"值为100%时，表示圆形画笔；当"圆度"值为0%时，表示线性画笔；介于0%~100%之间的"圆度"值，表示椭圆画笔（呈"压扁"状态）。
- **硬度**：控制画笔硬度中心的大小。数值越小，画笔的柔和度越高。
- **间距**：控制描边中两个画笔笔迹之间的距离。数值越高，笔迹之间的间距越大。

3.3.2 形状动态

在"画笔"面板左侧列表中单击"形状动态"启用该选项，进入到"形状动态"的参数设置页面。在这里可以设置画笔大小、角度、圆度的抖动效果，通过参数设置可以得到大小不一、角度不同的笔触效果，如下左图所示。效果如下右图所示。

未启用形状动态   启用形状动态

- **大小抖动/控制**：指定描边中画笔笔迹大小的改变方式。数值越高，图像轮廓越不规则。在"控制"下拉列表中可以设置"大小抖动"的方式，其中"关"选项表示不控制画笔笔迹的大小变换；"渐隐"选项是按照指定数量的步长在初始直径和最小直径之间渐隐画笔笔迹的大小。
- **最小直径**：当启用"大小抖动"选项以后，通过该选项可以设置画笔笔迹缩放的最小缩放百分比。数值越高，笔尖的直径变化越小。
- **倾斜缩放比例**：当"大小抖动"的"控制"设置为"钢笔斜度"时，该选项用来设置在旋转前应用于画笔高度的比例因子。
- **角度抖动/控制**：用来设置画笔笔迹的角度。如果要设置"角度抖动"的方式，可以在下面的"控制"下拉列表中进行选择。
- **圆度抖动/控制**：用来设置画笔笔迹的圆度在描边中的变化方式。如果要设置"圆度抖动"的方式，可以在下面的"控制"下拉列表中进行选择。
- **最小圆度**：可以用来设置画笔笔迹的最小圆度。

3.3.3 散布

在左侧列表中启用"散布"选项后，在右侧选项面板中可以设置笔触与绘制路径之间的距离以及笔触的数目，使绘制效果呈现出不规则的扩散分布，如下左图所示。效果如下右图所示。

未启用散布   启用散布

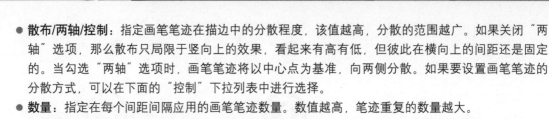

- **散布/两轴/控制**：指定画笔笔迹在描边中的分散程度，该值越高，分散的范围越广。如果关闭"两轴"选项，那么散布只局限于竖向上的效果，看起来有高有低，但彼此在横向上的间距还是固定的。当勾选"两轴"选项时，画笔笔迹将以中心点为基准，向两侧分散。如果要设置画笔笔迹的分散方式，可以在下面的"控制"下拉列表中进行选择。
- **数量**：指定在每个间距间隔应用的画笔笔迹数量。数值越高，笔迹重复的数量越大。
- **数量抖动/控制**：设置数量的随机性。如果要设置"数量抖动"的方式，可以在下面的"控制"下拉列表中进行选择。

3.3.4　纹理

在左侧列表中启用"纹理"选项后，可以在右侧选项面板中设置图案与笔触之间产生的叠加效果，使绘制的笔触带有纹理感，如下左图所示。效果如下右图所示。

未启用纹理　　　　　　　　　　启用纹理

- **设置纹理/反相**：单击图案缩览图右侧的下三角按钮，可以在弹出的"图案"拾色器中选择一个图案，并将其设置为纹理。如果勾选"反相"选项，可以基于图案中的色调来反转纹理中的亮点和暗点。
- **缩放**：设置图案的缩放比例。数值越小，纹理越多。
- **为每个笔尖设置纹理**：将选定的纹理单独应用于画笔描边中的每个画笔笔迹，而不是作为整体应用于画笔描边。如果关闭"为每个笔尖设置纹理"选项，下面的"深度抖动"选项将不可用。
- **模式**：设置用于组合画笔和图案的混合模式。
- **深度**：设置油彩渗入纹理的深度。数值越大，渗入的深度越大。
- **最小深度**：当"深度抖动"下面的"控制"选项设置为"渐隐"、"钢笔压力"、"钢笔斜度"或"光笔轮"选项，并且勾选了"为每个笔尖设置纹理"选项时，"最小深度"选项用来设置油彩可渗入纹理的最小深度。
- **深度抖动/控制**：当勾选"为每个笔尖设置纹理"选项时，"深度抖动"选项用来设置深度的改变方式。要指定如何控制画笔笔迹的深度变化，可以从下面的"控制"下拉列表中进行选择。

3.3.5　双重画笔

在左侧列表中勾选"双重画笔"选项即可启用该功能，启用"双重画笔"选项可以使绘制的线条呈现出两种画笔的效果。在使用该功能之前首先设置"画笔笔尖形状"主画笔参数属性，然后启用"双重画笔"选项，并从"双重画笔"选项中选择另外一个笔尖（即双重画笔），如下左图所示。效果如下右图所示。

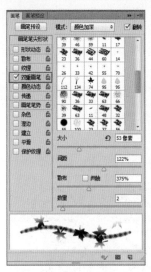

未启用双重画笔　　　　　　　　　启用双重画笔

3.3.6　颜色动态

在左侧列表中勾选"颜色动态"选项后，可以通过设置前背景颜色、色相、饱和度、亮度的抖动，从而使画笔在绘制时能一次性绘制出多种色彩，如下左图所示。效果如下右图所示。

未启用颜色动态　　　　　　　　　启用颜色动态

- **前景/背景抖动**：用来指定前景色和背景色之间的油彩变化方式。数值越小，变化后的颜色越接近前景色；数值越大，变化后的颜色越接近背景色。
- **控制**：如果要指定如何控制画笔笔迹的颜色变化，可以在"控制"下拉列表中进行选择。
- **色相抖动**：设置颜色变化范围。数值越小，颜色越接近前景色；数值越高，色相变化越丰富。
- **饱和度抖动**：饱和度抖动会使颜色偏淡或偏浓，百分比越大变化范围越广，为随机选项。
- **亮度抖动**：亮度抖动会使图像偏亮或偏暗。数值越小，亮度越接近前景色；数值越高，颜色的亮度值越大。
- **纯度**：这个选项的效果类似于饱和度，用来整体地增加或降低色彩饱和度。数值越小，笔迹的颜色越接近于黑白色；数值越高，颜色饱和度越高。

3.3.7 传递

在左侧列表中勾选"传递"选项，可以使画笔笔触随机地产生半透明效果，如左下图所示。效果如下右图所示。

未启用传递　　　　　　　　　　　启用传递

- **不透明度抖动/控制**：指定画笔描边中油彩不透明度的变化方式，最高值是选项栏中指定的不透明度值。如果要指定如何控制画笔笔迹的不透明度变化，可以从"控制"下拉列表中进行选择。
- **流量抖动/控制**：用来设置画笔笔迹中油彩流量的变化程度。如果要指定如何控制画笔笔迹的流量变化，可以从下面的"控制"下拉列表中进行选择。
- **湿度抖动/控制**：用来控制画笔笔迹中油彩湿度的变化程度。如果要指定如何控制画笔笔迹的湿度变化，可以从下面的"控制"下拉列表中进行选择。
- **混合抖动/控制**：用来控制画笔笔迹中油彩混合的变化程度。如果要指定如何控制画笔笔迹的混合变化，可以从下面的"控制"下拉列表中进行选择。

3.3.8 画笔笔势

在左侧列表中勾选"画笔笔势"选项，可以对"毛刷画笔"的角度、压力的变化进行设置。下左图所示为毛刷画笔；下中图所示为"画笔笔势"选项设置；下右图所示为绘图的对比效果。

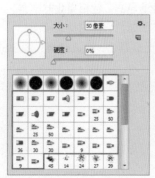  

- **倾斜X/倾斜Y**：使笔尖沿X轴或Y轴倾斜。
- **旋转**：设置笔尖旋转效果。
- **压力**：压力数值越高绘制速度越快，线条效果越粗犷。

3.3.9　其他选项

在"画笔"面板左侧列表中还有"杂色"、"湿边"、"建立"、"平滑"和"保护纹理"这几个不需要进行参数设置的选项。单击勾选即可启用该选项。

- **杂色**：可以为画笔增加随机的杂色效果。当使用柔边画笔时，该选项最能出效果。
- **湿边**：沿画笔描边的边缘增大油彩量，从而创建出水彩效果。
- **建立**：将渐变色调应用于图像，同时模拟传统的喷枪技术。"画笔"面板中的"喷枪"选项与选项栏中的"喷枪"选项相对应。
- **平滑**：在画笔描边中生成更平滑的曲线。当使用光笔进行快速绘画时，此选项最有效；但是它在描边渲染中可能会导致轻微的滞后。
- **保护纹理**：将相同图案和缩放比例应用于具有纹理的所有画笔预设。勾选该选项后，在使用多个纹理画笔绘画时，可以模拟出一致的画布纹理。

3.4　擦除工具

工具箱中的擦除工具组包括"橡皮擦工具" 、"背景橡皮擦工具"和"魔术橡皮擦工具"，如右图所示。这三个工具都用于对图像进行擦除的操作，但是使用方法有所不同。

3.4.1　橡皮擦工具

"橡皮擦工具"是一种以涂抹的方式将光标移动过的区域像素更改为背景色或透明的工具。单击工具箱中的"橡皮擦工具"，在画面中按住鼠标左键并拖动，即可进行擦除。如果擦除的是普通图层，则像素将被抹成透明，如下左图所示。如果擦除的是背景图层或已锁定透明度的图层，则被擦除的区域将更改为背景色，如下右图所示。

> **提示** 在"橡皮擦工具"选项栏中的"模式"列表中可以选择橡皮擦的种类。"画笔"和"铅笔"模式可将橡皮擦设置为像画笔和铅笔工具一样工作；"块"是指具有硬边缘和固定大小的方形，并且不提供用于更改不透明度或流量的选项。

3.4.2　背景橡皮擦工具

"背景橡皮擦工具"是一种基于色彩差异的智能化擦除工具。它可以自动采集画笔中心的色样，同时删除在画笔内出现的这种颜色，使擦除区域成为透明区域。

　　单击工具箱中的"背景橡皮擦工具"，将光标移动到画面中，光标会呈现出中心带有"十字"⊞的圆形效果。圆形表示当前工具的作用范围，而圆形中心的"十字"⊞则表示在擦除过程中自动采集颜色的位置。在涂抹过程中会自动擦除圆形画笔范围内出现的相近颜色的区域，如下左图所示。擦除效果如下右图所示。

- **取样**：用来设置取样的方式。激活"取样：连续"按钮，可以擦除光标移动过的所有区域；激活"取样：一次"按钮，只擦除包含第一次单击处颜色的图像；激活"取样：背景色板"按钮，只擦除包含背景色的图像。
- **限制**：设置擦除图像时的限制模式。"不连续"抹除出现在画笔下面任何位置的样本颜色。"连续"抹除包含样本颜色并且相互连接的区域。"查找边缘"抹除包含样本颜色的连接区域，同时更好地保留形状边缘的锐化程度。
- **保护前景色**：勾选该选项以后，可以防止擦除与前景色匹配的区域。

3.4.3　魔术橡皮擦工具

　　使用"魔术橡皮擦工具"可以将颜色相近的区域直接擦除掉。使用该工具在图像中单击时，与单击位置的颜色接近的像素都会被更改为透明。如果在已锁定透明度的图层中工作，这些像素将更改为背景色。单击工具箱中的"魔术橡皮擦工具"，在画面中的背景处单击鼠标左键，如下左图所示。可以看到单击之后背景部分全部变为透明，如下右图所示。

提示 ▶勾选"连续"选项时，只擦除与单击点像素邻近的像素。关闭该选项时，可以擦除图像中所有相似的像素。

3.5 减淡加深工具组

在Photoshop中"减淡工具"、"加深工具"以及"海绵工具"位于同一个工具组中，主要用于图像局部的减淡、加深、增强色感或降低色感，如右图所示。

3.5.1 减淡工具

单击工具箱中的"减淡工具" ，在画面中按住鼠标左键并拖动涂抹，被涂抹的区域会变亮。在选项栏中可以设置画笔大小；在"范围"中可以选择减淡操作针对的色调区域是"中间调"、"阴影"还是"高光"；"曝光度"数值可用于控制颜色减淡的强度；如果勾选"保护色调"选项可以保护图像的色调不受影响，如下左图所示。减淡效果如下右图所示。

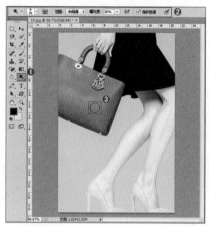

3.5.2 加深工具

"加深工具" 可以通过在画面中涂抹的方式对图像局部进行加深处理。使用"加深工具"之前也需要在选项栏中选择合适的"范围"和"曝光度"参数，然后进行涂抹，如下左图所示。加深效果如下右图所示。

3.5.3 海绵工具

"海绵工具" 用于增加或减少画面中颜色的饱和度。单击"海绵工具"，在选项栏中需要设置工具模式：选择"加色"选项时，可以增加色彩的饱和度；选择"去色"选项时，可以降低色彩的饱和度。勾选"自然饱和度"选项可以在增加饱和度的同时防止颜色过度饱和而产生溢色现象，如下图所示。

| 原图 | "去色"模式 | "加色"模式 |

提示 如果是对灰度模式的图像进行处理，使用"海绵工具"则可以增加或降低画面的对比度。

3.6 模糊锐化工具组

模糊锐化工具组中包括"模糊工具"、"锐化工具"以及"涂抹工具"，这三个工具主要用于画面细节处的处理，如右图所示。

3.6.1 模糊工具

"模糊工具" 主要用于细节处的柔化，使锐利的边缘变柔和，并减少图像中的细节。单击工具箱中的"模糊工具"，在选项栏中可以通过调整"强度"数值来设置模糊的强度，如下左图所示。接着在画面中涂抹即可使局部变得模糊，涂抹的次数越多该区域就越模糊，如下右图所示。

3.6.2 锐化工具

"锐化工具" 主要用于增强图像局部的清晰度。在选项栏中通过设置"强度"的数值可以控制涂抹时画面的锐化强度。勾选"保护细节"选项后在进行锐化处理时将对图像的细节进行保护，如下左图所示。锐化效果如下右图所示。

3.6.3 使用"涂抹工具"

"涂抹工具" 可以模拟手指划过湿油漆时所产生的效果。勾选"手指绘画"选项后,可以使用前景色进行涂抹绘制。在选项栏中通过设置"强度"数值可以控制颜色展开的衰减程度,如下左图所示。该工具的使用方法很简单,在画面中按住鼠标左键并拖动即可拾取鼠标单击处的颜色,并沿着拖曳的方向展开这种颜色。涂抹效果如下右图所示。

3.7 修复工具组

修复工具组中包含5种工具:"污点修复画笔工具"、"修复画笔工具"、"修补工具"、"内容感知移动工具"、"红眼工具"。这些工具主要用于数码照片中瑕疵的处理,是非常实用而有效的工具,如右图所示。

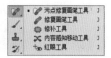

3.7.1 污点修复画笔工具

"污点修复画笔工具" 常用于去除画面中较小的瑕疵。单击工具箱中的"污点修复画笔工具",调整画笔大小到刚好能够覆盖瑕疵处即可。然后在瑕疵上单击鼠标左键或拖动覆盖到要修复的区域,松开鼠标后软件可以自动从所修饰区域的周围进行取样,用正确的内容填充瑕疵本身,如下左图所示。去除污点后的效果如下右图所示。

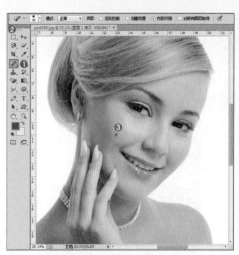 

- **模式**: 在设置修复图像的混合模式时,除"正常"、"正片叠底"等常用模式以外,还有一个"替换"模式,该模式可以保留画笔描边的边缘处的杂色、胶片颗粒和纹理。
- **近似匹配**: 可以使用选区边缘周围的像素来查找要用作选定区域修补的图像区域。
- **创建纹理**: 可以使用选区中的所有像素创建一个用于修复该区域的纹理。
- **内容识别**: 可以使用选区周围的像素进行修复。

3.7.2 修复画笔工具

"修复画笔工具" ⚫通过在画面中取样,并将样本像素的纹理、光照、透明度和阴影与所修复的像素进行匹配,使修复后的像素与源图像更好地融合,从而完成瑕疵的去除。

单击工具箱中的"修复画笔工具",在选项栏中设置合适的画笔大小,并按住Alt键进行取样,然后在需要修复的位置进行涂抹,如下左图所示。修复后的图像效果如下右图所示。

- **源**: 设置用于修复像素的源。选择"取样"选项时,可以使用当前图像的像素来修复图像;选择"图案"选项时,可以使用某个图案作为取样点。
- **对齐**: 勾选该选项以后,可以连续对像素进行取样,即使释放鼠标也不会丢失当前的取样点;关闭"对齐"选项以后,则会在每次停止并重新开始绘制时使用初始取样点中的样本像素。

3.7.3 修补工具

使用"修补工具" ⚫可以利用图像中其他区域中的像素来修复选中的区域。单击工具箱中的"修补工具",在画面中绘制出需要修补的区域,然后将光标定位到选区中,光标变为 ⚫状,如下左图所示。接着按住鼠标左键并向其他区域拖动,如下中图所示。松开鼠标后即可完成自动修复,如下右图所示。

 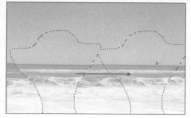 

- **源/目标**：创建选区以后，选择"源"选项时，将选区拖曳到要修补的区域以后，松开鼠标左键就会用当前选区中的图像修补原来选中的内容；选择"目标"选项时，则会将选中的图像复制到目标区域。
- **透明**：勾选该选项以后，可以使修补的图像与原始图像产生透明的叠加效果，该选项适用于修补具有清晰分明的纯色背景或渐变背景的图像。
- **使用图案**：使用"修补工具"创建选区以后，单击"使用图案"按钮，可以使用图案修补选区内的图像。

3.7.4　内容感知移动工具

"内容感知移动工具" 可以将画面中的一部分内容"移动"到其他位置，而原位置的内容会被智能地填充好。单击工具箱中的"内容感知移动工具"，在图像上绘制需要移动的区域，将光标放在选区内，如下左图所示。接着按住鼠标左键向其他区域移动，如下中图所示。松开鼠标后Photoshop会自动将移动的人像与四周的景物融合在一起，而原始的区域则会进行智能填充，如下右图所示。

 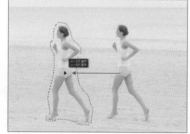 

> **提示** 当选项栏中的模式设为"移动"时，选择的对象将被移动；当设为"扩展"时，选择的对象将被移动并复制。

3.7.5　红眼工具

在光线较暗的环境中使用闪光灯进行拍照，经常会造成黑眼球变红的情况，也就是通常所说的"红眼"。单击工具箱中的"红眼工具" ，将光标移动到红眼处，如下左图所示。接着单击鼠标左键即可去除红眼，如下右图所示。

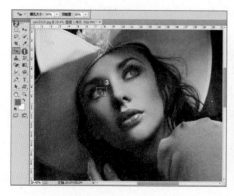 

3.8 图章工具组

工具箱中的"图章工具组"包含两个工具:"仿制图章工具"与"图案图章工具"。"仿制图章工具"用于图像细节的修复,而"图案图章工具"用于绘制图案,如右图所示。

3.8.1 仿制图章工具

"仿制图章工具" 是通过在画面中取样,然后在需要仿制的区域涂抹,之前取样的像素会被完整地重现在被涂抹的区域。单击工具箱中的"仿制图章工具",按住Alt键在画面中单击取样,如下左图所示。然后在需要修复的地方按住鼠标左键进行涂抹,如下中图所示。效果如下右图所示。

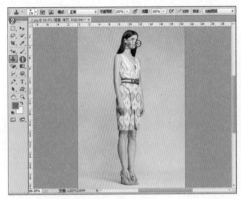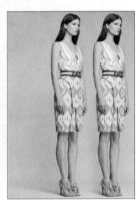

3.8.2 图案图章工具

"图案图章工具" 可以像使用画笔一样,在画面中绘制出图案。选择"图案图章工具",在选项栏中设置合适的笔尖大小,还可以对"模式"、"不透明度"以及"流量"进行设置,然后在图案列表中选择合适的图案。接着在画面中按住鼠标左键进行涂抹,如下左图所示。继续进行涂抹,效果如下右图所示。

3.9 填充

在Photoshop中可以对选区的内部或者对整个画面进行填充,而且填充的内容不仅限于单色,还可以进行渐变、图案的填充。

3.9.1 填充前景色/背景色

当我们想要为选区内部或者整个画面填充单色时,最方便的莫过于通过前景色/背景色进行填充了。

在填充颜色之前，首先得设置好前景色与背景色。使用快捷键Alt+Delete可以填充前景色，如下左图所示。使用快捷键Ctrl+Delete可以填充背景色，如下右图所示。

3.9.2　油漆桶工具

工具箱中的"油漆桶工具" 是一个可以用于单色以及图案填充的工具。而且"油漆桶工具"可以自动识别图像上相近的颜色区域，只对这部分颜色进行填充。

单击"油漆桶工具"，首先在选项栏中设置"填充内容"、"混合模式"、"不透明度"以及"容差"，如下左图所示。接着在画面中单击即可进行填充，如下右图所示。如果选择空白图层，那么则会对整个图层进行填充。

● **填充内容**：选择填充的模式，包含"前景"和"图案"两种模式。如果选择"前景"，则使用前景色进行填充；如果设置为"图案"，那么需要在右侧"图案"拾色器中选择合适的图案。
● **容差**：用来定义必须填充的像素的颜色的相似程度。设置较低的"容差"值会填充颜色范围内与鼠标单击处像素非常相似的像素；设置较高的"容差"值会填充更大范围的像素。

3.9.3　渐变工具

"渐变工具" 用于创建多种颜色间的过渡效果。

选择工具箱中的"渐变工具" ，在选项栏中单击"渐变颜色条" ，即可打开"渐变编辑器"对话框。可以在渐变编辑器的上半部分看到很多"预设"，单击即可选择某一种渐变效果，如下左图所示。如果没有合适的预设渐变效果，可以在下方渐变色条中编辑所需的渐变效果，可以双击渐变色条底部的色标图，在弹出的"拾色器（色标颜色）"对话框中设置颜色；如果色标不够可以在渐变色条下方单击，添加更多的色标；编辑完成后单击"确定"按钮完成操作，如下右图所示。

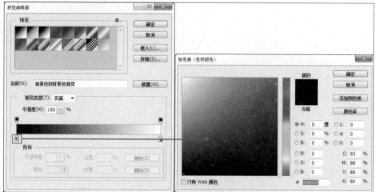

- **渐变类型**：在下拉列表中包含"实底"与"杂色"两种渐变。"实底"渐变是默认的渐变色。此时在颜色条的上下可看到四个色标，上面的两个色标是用来调整颜色的不透明度的，下面的两个色标是用来选择渐变颜色的。"杂色"渐变包含了在指定范围内随机分布的颜色，其颜色变化效果更加丰富。
- **色标**：拖曳色标可以移动它的位置。在"色标"选项组下可以精确设置色标的颜色和位置。其中的"不透明度"用来编辑颜色的不透明度。

接下来可以在选项栏中设置渐变类型、混合模式、不透明度等信息，如下图所示。

- **渐变类型**：激活"线性渐变"按钮圖，可以以直线方式创建从起点到终点的渐变；激活"径向渐变"按钮圖，可以以圆形方式创建从起点到终点的渐变；激活"角度渐变"按钮圖，可以创建围绕起点以逆时针扫描方式的渐变；激活"对称渐变"按钮圖，可以使用均衡的线性渐变在起点的任意一侧创建渐变；激活"菱形渐变"按钮圖，可以以菱形方式从起点向外产生渐变，终点定义菱形的一个角。各种渐变类型的效果如下图所示。

线性渐变　　　　　　径向渐变　　　　　　角度渐变　　　　　　对称渐变　　　　　　菱形渐变

- **仿色**：勾选该选项时，可以使渐变效果更加平滑。主要用于防止打印时出现条带化现象，但在计算机屏幕上并不能明显地体现出来。
- **反向**：转换渐变中的颜色顺序，得到反方向的渐变结果。下左图和下右图所示分别是正常渐变和反向渐变效果。

设置完成后，在画面中按住鼠标左键并拖曳，如下左图所示。松开鼠标后即可完成渐变颜色填充，如下右图所示。

3.10 描边

　　"描边"命令可以在选区、路径或图层周围创建边框效果。例如画面中包含选区，如下左图所示。执行"编辑>描边"命令，在"描边"对话框中设置描边的"宽度"、"颜色"、"位置"以及"混合"的部分参数，接着单击"确定"按钮，如下中图所示。最后选区边缘会出现单色的轮廓效果，如下右图所示。

- **描边**：该选项组主要用来设置描边的宽度和颜色，下左图所示为设置"宽度"为15像素的效果，下右图所示为设置颜色为洋红色的效果。

● **位置**：设置描边相对于选区的位置，包括"内部"、"居中"和"居外"3个选项，如下图所示。

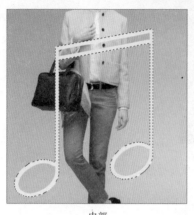  

内部   居中   居外

● **混合**：用来设置描边颜色的混合模式和不透明度。
● **保留透明区域**：如果勾选"保留透明区域"选项，则只对包含像素的区域进行描边。

知识延伸：填充命令

执行"编辑>填充"菜单命令或按快捷键Shift+F5，可打开"填充"对话框，如下图所示。"填充"命令可以在整个画面或者选区内进行纯色、图案、历史记录等内容的填充。而且在填充颜色或图案的同时也可以设置填充时的不透明度和混合模式。

● **内容**：在下拉列表中可以选择填充的内容，包含前景色、背景色、颜色、内容识别、图案、历史记录、黑色、50%灰色和白色。
● **模式**：用来设置填充内容的混合模式。
● **不透明度**：用来设置填充内容的不透明度。
● **保留透明区域**：勾选该选项以后，只填充图层中包含像素的区域，而透明区域不会被填充。

上机实训：使用画笔工具与油漆桶工具制作运动上衣

下面就用画笔工具与油漆桶工具来制作运动上衣，具体步骤如下。

步骤 01 执行"文件>新建"命令，创建新文件，如下图所示。

步骤 02 打开"图层"面板，单击"创建新图层"按钮 🔳，创建出一个新图层，如下图所示。

步骤 03 单击工具箱中的"铅笔工具" ✏️，设置"模式"为正常，设置"不透明度"为100%。单击"切换画笔面板"按钮，弹出"画笔"面板，设置画笔大小为3像素，勾选"平滑"选项，如下图所示。

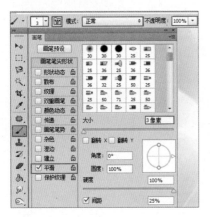

步骤 04 切换到新创建的图层，在画面中按住鼠标左键并拖动，绘制出服装的边缘轮廓线，如下图所示。

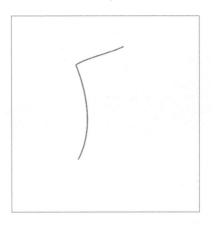

步骤 05 使用上述方法绘制出运动上衣的大概轮廓，如下图所示。

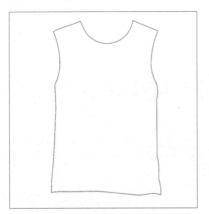

步骤 06 在"图层"面板中新建一个图层，使用同样方法绘制出衣领和底边，如下图所示。

步骤 07 绘制运动上衣右袖。新建图层，使用同样方法绘制出运动上衣的右袖和装饰，如下图所示。

步骤 08 将制作的右袖所在的图层选中，按快捷键Ctrl+J将其复制。执行"编辑>变换>水平翻转"命令得到左袖，然后将它摆放在合适位置，如下图所示。

步骤 09 打开"图层"面板，新建一个图层。单击工具箱中的"油漆桶工具"并设置"前景色"为绿色，在选项栏中将"设置填充区域的源"选为"前景"，设置"模式"为"正常"、"不透明度"为100%、"容差"为32，在画面中要填充颜色的区域单击鼠标左键，如下图所示。

步骤 10 使用同样的方法为其他部分填充上颜色，如下图所示。

步骤 11 执行"文件>置入"命令，置入背景素材"1.jpg"，将其摆放在服装图层的下方，效果如下图所示。

步骤 12 给运动上衣添加图案。执行"文件>置入"命令，将素材"2.jpg"置入到画面中，选择该图层执行"图层>栅格化>智能对象"命令。按快捷键Ctrl+T，调整素材的显示比例，然后摆放在合适位置上，如下图所示。

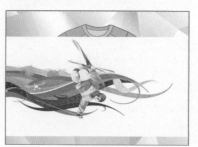

步骤 13 单击工具箱中的"橡皮擦工具"，在选项栏中设置合适的画笔大小，设置模式为"画笔"、"不透明度"为100%。在图案图层上按住鼠标左键并拖曳，擦去多余部分，如下图所示。

步骤 14 使用上述方法将图案上多余的部分擦掉，最终效果如下图所示。

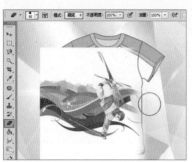

课后练习

1. 选择题

(1) "海绵工具"的作用是_____。

    A. 用于增加或减少画面中颜色的饱和度   B. 将图像亮度增强，颜色减淡

    C. 将图像变暗，颜色加深   D. 柔化细节处，使锐利的边缘变柔和

(2) 以下_____工具可以用前景色替换图像中指定的像素。

    A. 图案图章工具   B. 涂抹工具

    C. 修补工具   D. 颜色替换工具

(3) 使用_____工具可以从画面中拾取颜色。

    A. 橡皮擦工具   B. 吸管工具

    C. 图案图章工具   D. 油漆桶工具

2. 填空题

(1) 执行_____命令可以打开"描边"对话框。

(2) _____可将画面中的一部分内容"移动"到其他位置，而原位置的内容会被智能地填充好。

(3) 在"画笔"面板中勾选_____选项可以绘制出多种颜色的笔触效果。

3. 上机题

本上机题要求使用拾色器设置前景色，并使用画笔工具在画面中绘制花朵图案的轮廓，再利用文字工具在花朵周围添加文字。最后将制作好的花朵图案多次复制，形成连续的花朵图案面料素材。

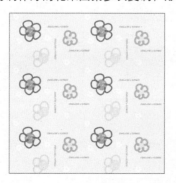

Chapter 04 矢量绘图

本章概述

Photoshop具有非常强大的矢量绘图功能，这项功能在绘制服装款式图时非常实用。Photoshop的矢量绘图工具包括用于绘制不规则的复杂图形的"钢笔工具"和绘制规则几何图形的"形状工具"。

核心知识点

1. 了解多种绘图模式的使用方法
2. 熟练掌握使用钢笔工具绘图的方法
3. 熟练掌握形状工具的使用
4. 熟练掌握路径与选区的转化方式

4.1 矢量绘图模式

Photoshop中的"钢笔工具"与"形状工具"虽然都是矢量工具，但是这些矢量工具可以绘制出多种形式的对象，例如绘制出"形状图层"、"路径"以及"像素"对象。所以，在使用工具进行绘制之前就需要在选项栏中设置合适的绘图模式，如右图所示。

4.1.1 "形状"模式

在使用"钢笔工具"或者"形状工具"时，在选项栏中单击"绘图模式"下拉按钮，在其中选择"形状"。在选项栏中可以进行"填充"颜色、"描边"颜色、"描边粗细"以及"描边类型"的设置，如下图所示。设置完成后在画面中绘制出的对象为带有矢量路径以及描边填色的对象。在"图层"面板中也会出现一个矢量的形状图层。

形状对象的填充颜色与描边颜色不仅可以为纯色，还可以为渐变或图案。在选项栏中单击填充颜色按钮，在弹出的"填充"面板中可以从"无颜色"、"纯色"、"渐变"、"图案"四个类型中选择一种，如右图所示。单击"无颜色"按钮即可取消填充；单击"纯色"按钮，可以从颜色列表中选择预设颜色，或单击"拾色器"按钮可以在弹出的拾色器中选择所需颜色；单击"渐变"按钮，即可设置渐变效果的填充；单击"图案"按钮，可以选择某种图案，并设置合适的缩放数值，如下图所示。

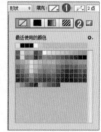

填充为无

填充为纯色

填充为渐变

填充为图案

同样，单击"描边"颜色设置按钮也可以选择纯色、渐变或者图案。在描边颜色的右侧可以对描边的宽度进行设置。还可以对形状描边类型进行设置，单击描边类型下拉按钮，在弹出的面板中可以将描边设置为虚线，如下左图所示。效果如下右图所示。

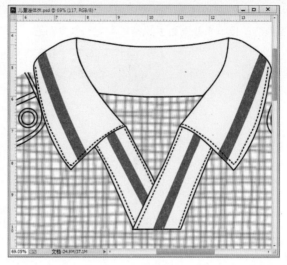

4.1.2 "路径"模式

"路径"模式是矢量绘图最为常用的一种方式，因为绘制出的精确路径可以转换为选区，而有了选区后就可以进行颜色的填充，或者抠图操作。

使用"路径"模式绘制出的对象是由锚点与线组成的，由于锚点的位置可以随时进行调整，所以路径也可以理解为一种可以随时进行形状调整的"轮廓"。使用矢量工具，在选项栏中设置绘制模式为"路径"，如下图所示。

- 选区：单击该按钮路径会被转换为选区。
- 蒙版：单击该按钮会以当前路径为图层创建矢量蒙版。
- 形状：单击该按钮，路径对象会转换为形状图层。

使用钢笔工具或者形状工具都可以绘制出路径对象。创建完路径后可以看到路径上具有很多点，这些点就叫作锚点。锚点用来决定路径方向的起终、转折，在曲线段上，每个选中的锚点显示一条或两条方向线，方向线以方向点结束，方向线和方向点的位置共同决定了曲线段的大小和形状，如下图所示。

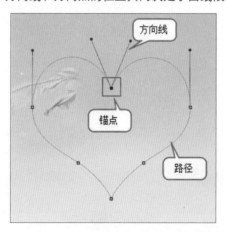

4.1.3 "像素"模式

"像素"模式只在使用"形状工具"时才能够使用，且该模式绘制出的对象实际上并不是矢量对象，而是完全由像素组成的位图对象，所以在使用这种模式时需要选中一个图层后，在该图层进行绘制。

在选项栏中设置绘制模式为"像素"后，还可以在选项栏中设置绘制内容与背景的混合模式以及图像的不透明度数值。接下来在画面中绘制即可得到像素图层，如下图所示。

4.2 钢笔工具组

钢笔工具组中包括"钢笔工具"、"自由钢笔工具"、"添加锚点工具"、"删除锚点工具"、"转换点工具"5种工具，如右图所示。这5种工具中"钢笔工具"和"自由钢笔工具"是用于创建路径的，而其余三种工具则是用于路径形态的调整。

4.2.1 钢笔工具

"钢笔工具" 可以用于绘制复杂而精确的路径和形状对象。"钢笔工具"的用途很广泛，可以用来抠图、描边、绘制不规则的选区等。

单击工具箱中的"钢笔工具" ，在选项栏中单击"路径"按钮，在画面中单击可创建一个锚点，如下左图所示。移动光标到其他位置再次单击创建出第二个锚点，两个锚点会连接成一条直线路径，如下中图所示。

"钢笔工具"不仅可以绘制直线路径，还可以绘制曲线路径。在要绘制路径上带有弧度的转折点时，按住鼠标左键并拖动，即可创建一个平滑点，如下右图所示。

当我们想要绘制一条闭合路径时，只需将光标放在路径的起点，当光标变为 状时（如下左图所示），单击即可闭合路径，如下中图所示。如果要结束一段开放式路径的绘制，可以按下键盘上的Esc键，效果如下右图所示。

4.2.2　自由钢笔工具

"自由钢笔工具" 是一种可以随意徒手绘制路径的工具。单击工具箱中的"自由钢笔工具"，在画面中按住鼠标左键并拖动，即可像使用画笔工具绘图一样自动地沿着光标路径创建出相应的矢量路径，如下图所示。

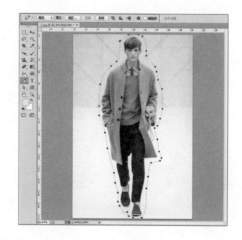

在选项栏中单击 图标，在弹出面板中可以对"自由钢笔工具"的选项进行设置。"曲线拟合"用于控制绘制路径的精度，数值越高路径越精确，如下左图所示；数值越小路径越平滑，如下中图所示。

在选项栏中勾选"磁性的"选项，此时"自由钢笔工具"变为"磁性钢笔工具" 。"磁性钢笔工具"可以根据颜色差异自动寻找对象边缘并建立路径，与"磁性套索工具"非常相似。在对象边缘处单击，然后沿对象的边缘移动光标，Photoshop会自动查找颜色差异较大的边缘，添加锚点建立路径，如下右图所示。

4.2.3 添加锚点工具

单击"添加锚点工具" ，在路径没有锚点的位置上单击即可添加新的锚点，如下图所示。

4.2.4 删除锚点工具

单击工具箱中的"删除锚点工具" ，将光标放在要删除的锚点上，单击鼠标左键即可删除锚点，如下图所示。

4.2.5 转换点工具

路径的锚点分为角点和平滑点。角点是尖角的，而平滑点则是圆滑的，如下左图所示。想要在这两种形式上对锚点的类型进行更改就需要使用到"转换点工具" 。使用"转换点工具" 在角点上单击并拖动即可调整平滑点的形状，如下中图所示。使用"转换点工具"在平滑点上单击，可以将平滑点转换为角点，如下右图所示。

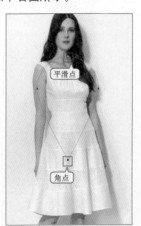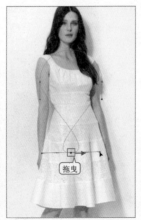

4.3 选择路径与锚点

想要移动路径位置，需要选中整条路径，这时就需使用"路径选择工具" ；而想要对路径形状进行调整，就需要选择路径上的锚点，这时需要使用"直接选择工具"，如右图所示。

4.3.1 选择路径

使用"路径选择工具" 单击路径上的任意位置可以选择单个的路径。如果想要选择多个路径可以按住Shift键单击将路径进行加选。在选项栏中通过设置还可以用来移动、组合、对齐和分布路径。其选项栏如下图所示。

- **路径运算** ：选择两个或多个路径时，在工具选项栏中单击运算按钮，会产生相应的交叉结果。具体方法将在下一章节讲解。
- **路径对齐方式** ：设置路径对齐与分布的选项。
- **路径排列** ：设置路径的层级排列关系。

4.3.2 选择路径上的锚点

"直接选择工具" 用于选择路径上的锚点，选中了锚点之后可以进行移动锚点、调整方向线等操作，这也就实现了调整路径形态的目的。单击工具箱中的"直接选择工具"，在路径上单击，路径上的锚点就会出现，如下左图所示。然后单击选择任意一个锚点，按住鼠标左键拖动即可移动锚点或调整控制杆，如下右图所示。

4.4 形状工具组

形状工具组中包含"矩形工具"、"圆角矩形工具"、"椭圆工具"、"多边形工具"、"直线工具"、"自定形状工具"6种工具，如右图所示。这些形状工具可以绘制路径、形状图层以及像素对象。

4.4.1 矩形工具

"矩形工具" 可以绘制出正方形和矩形形状。在画面中按住鼠标左键，然后拖动鼠标到对角处，然后松开鼠标，即可绘制出矩形，如下左图所示。绘制时按住Shift键可以绘制出正方形，如下右图所示。

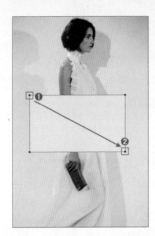 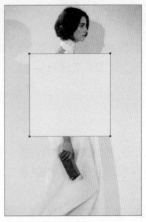

提示 绘制时按住Alt键可以以鼠标单击点为中心绘制矩形。

在选项栏中单击 图标，打开"矩形工具"的设置选项，在这里可以对矩形的尺寸以及比例进行精确的设置，如右图所示。

- **不受约束**：选择该选项可以绘制出任意尺寸的矩形。
- **方形**：选择该选项可以绘制出正方形。
- **固定大小**：选择该选项后，可以在其后的数值输入框中输入宽度（W）和高度（H），然后在图像上单击即可创建出固定大小的矩形。
- **比例**：选择该选项后，可以在其后的数值输入框中输入宽度（W）和高度（H）比例，此后创建的矩形将始终保持这个比例。
- **从中心**：以任何方式创建矩形时，选择该选项，鼠标单击点即为矩形的中心。

4.4.2　圆角矩形工具

"圆角矩形工具" 可以创建四角圆滑的矩形。单击工具箱中的"圆角矩形工具"，在选项栏中可以对圆角矩形4个圆角的"半径"进行设置，"半径"选项用来设置圆角的半径，数值越大圆角越大。设置完成后在画面中按住鼠标左键并拖动，即可绘制出圆角矩形，如下图所示。

4.4.3　椭圆工具

"椭圆工具" 可以创建出椭圆和正圆形状。单击工具箱中的"椭圆工具"，在画面中按住鼠标左键并拖动，松开鼠标左键后即可创建出椭圆形，如下左图所示。如果要创建正圆形，可以在按住Shift键的同时进行绘制，如下右图所示。

4.4.4　多边形工具

"多边形工具"◎主要用于绘制各种边数的多边形，除此之外，使用该工具还可以绘制星形。单击工具箱中的"多边形工具"，在选项栏中设置多边形的边数，然后单击◎图标，打开"多边形工具"的设置选项，在里面可以进行半径、平滑拐角以及星形的设置，如下左图所示。接着在画面中按住鼠标左键并拖动，松开鼠标左键后即可得到多边形，如下中图所示。

● 边：设置多边形的边数，效果如下右图所示。

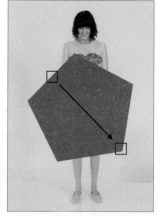

● **半径**：用于设置多边形或星形的半径长度（单位为cm），设置好半径以后，在画面中拖曳鼠标即可创建出相应半径的多边形或星形。

● **平滑拐角**：勾选该选项以后，可以创建出具有平滑拐角效果的多边形或星形，如下左图所示。

● **星形**：勾选该选项后，可以创建星形，下面的"缩进边依据"选项主要用来设置星形边缘向中心缩进的百分比，数值越高，缩进量越大，下中图所示为不同缩进数值产生的效果。

● **平滑缩进**：勾选该选项后，可以使星形的每条边向中心平滑缩进，如下右图所示。

4.4.5　直线工具

"直线工具" 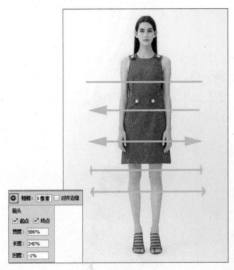不仅可以绘制带有宽度的直线线条，还可以通过一系列参数的设置绘制出带有箭头的形状。单击工具箱中的"直线工具"按钮，在选项栏中可以设置直线的粗细，单击 ⚙ 图标，在弹出的选项面板中可以进行箭头的设置，如下左图所示。

- **粗细**：设置直线或箭头线的粗细。
- **起点/终点**：勾选"起点"选项，可以在直线的起点处添加箭头；勾选"终点"选项，可以在直线的终点处添加箭头；勾选"起点"和"终点"选项，则可以在两头都添加箭头，如下右图所示。

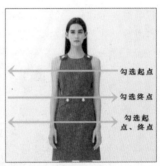

- **宽度**：用来设置箭头宽度与直线宽度的百分比，范围为10%~1000%，下左图所示为不同宽度的箭头效果。
- **长度**：用来设置箭头长度与直线长度的百分比，范围为10%~5000%，下中图所示为不同长度的箭头效果。
- **凹度**：用来设置箭头的凹陷程度，范围为-50%~50%。值为0%时，箭头尾部平齐；值大于0%时，箭头尾部向内凹陷；值小于0%时，箭头尾部向外凸出，如下右图所示。

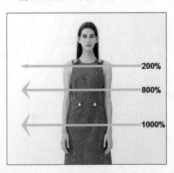
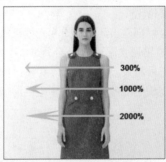
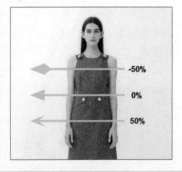

> **提示** 使用"直线工具"在画面中绘图时，很难控制直线是否水平或者垂直。如果想要绘制水平、垂直或者斜45°角的直线时，可以按住Shift键并进行绘制。

4.4.6　自定形状工具

使用"自定形状工具" 可以在内置的形状预设列表中选择一种形状进行绘制。单击工具箱中的"自定形状工具"，在选项栏的形状下拉列表中可以选择合适形状，如下左图所示。在选项栏中选择完绘制模式与形状后，按住鼠标左键拖动即可绘制形状，如下右图所示。

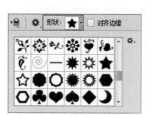

4.5 路径的基本操作

路径虽然也是虚拟的对象，但是也可以进行复制、删除、移动、分布与对齐等操作，下面介绍一些路径的基本操作方法。

4.5.1 路径的变换

路径与形状对象也可以进行类似普通图层的"自由变换"操作。选择路径，执行"编辑>自由变换路径"命令，或按快捷键Ctrl+T，路径周围出现了自由变换定界框，如下左图所示。接下来的操作与使用"自由变换"命令相同，这里就不再重复讲解了，如下右图所示。

4.5.2 路径运算

使用"钢笔工具"和"形状工具"创建的路径或形状对象可以进行"合并"、"减去"、"相交"等运算操作，如右图所示。绘制了路径后，可以在选项栏中激活相应的按钮，再次绘制路径后，重叠区域会产生相应的运算结果，如下图所示。

新建图层   合并形状   减去顶层形状   与形状区域相交   排除重叠形状

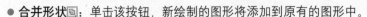

- **合并形状**◻：单击该按钮，新绘制的图形将添加到原有的图形中。
- **减去顶层形状**◻：单击该按钮，可以从原有的图形中减去新绘制的图形。
- **与形状区域相交**◻：单击该按钮，可以得到新图形与原有图形的交叉区域。
- **排除重叠形状**◻：单击该按钮，可以得到新图形与原有图形重叠部分以外的区域。

4.5.3　路径的对齐与分布

路径对象也可以进行对齐与分布操作。使用"路径选择工具"▶选择多个路径，在选项栏中单击"路径对齐方式"按钮▣，在弹出的菜单中可以选择对所选路径进行对齐、分布操作的命令，如下图所示。

4.5.4　路径的排列顺序

如果想要调整路径的上下堆叠顺序，可以选中路径然后单击选项栏中的"路径排列方式"按钮▣，在弹出的菜单中单击并执行相关命令，如下图所示。

4.5.5　将路径转换为选区

由于路径是虚拟的无法被打印输出的对象，所以使用矢量工具绘制路径并不是操作的最终目的。将绘制的路径转换为选区后，通过抠图操作或对选区进行填充绘图才是最终的目的。路径绘制完成后，如下左图所示，在选择钢笔工具的状态下右击，在弹出菜单中选择"建立选区"命令。然后在弹出的"建立选区"对话框中可以进行选区"羽化"的设置，如果想得到精确的选区，那么"羽化半径"设为0即可，如下中图所示。单击"确定"按钮，即可得到选区，如下右图所示。

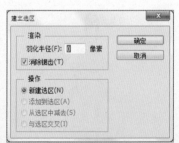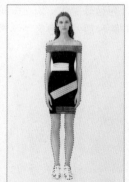

提示 使用快捷键Ctrl+Enter可以直接将路径转换为选区。

4.5.6　填充路径

使用"填充路径"命令可以在保留路径的前提下，在当前所选的图层中进行填充。在使用矢量工具的状态下，单击鼠标右键，执行"填充路径"命令；打开"填充路径"对话框，在这里可以选择合适的填充内容、进行混合以及渲染的设置，如下图所示。

在"填充路径"对话框中可以对填充内容进行设置，这里包含多种类型的填充内容，并且可以设置当前填充内容的混合模式以及不透明度等属性，如下左图所示。可以尝试使用"颜色"与"图案"填充路径，效果如下中图和下右图所示。

4.5.7　描边路径

"描边路径"命令能够以铅笔、画笔、橡皮等工具对路径进行描边操作。在进行描边操作之前首先需要对要使用的描边工具进行设置。

例如使用画笔进行描边，那么就需要设置合适的前景色，然后设置好画笔的笔尖以及粗细等参数。在路径上单击鼠标右键并执行"描边路径"命令，如下左图所示。打开"描边路径"对话框，在该对话框中可以选择描边的工具，如下中图所示。单击"确定"按钮后即可以刚刚设置好的工具对路径进行描边，如下右图所示。

提示 设置好画笔的参数以后，在使用画笔的状态下按Enter键可以直接为路径描边。

知识延伸：使用路径面板管理路径

在Photoshop中提供了一个专门用于管理路径的控制面板："路径"面板。"路径"面板可以对路径进行多种操作，例如对路径进行存储、删除、显示与隐藏等基本操作。执行"窗口>路径"菜单命令，即可打开"路径"面板，其面板扩展菜单如下图所示。

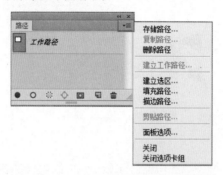

- **用前景色填充路径**●：单击该按钮，可以用前景色填充路径区域。
- **用画笔描边路径**○：单击该按钮，可以用设置好的"画笔工具"对路径进行描边。
- **将路径作为选区载入**⊕：单击该按钮，可以将路径转换为选区。
- **从选区生成工作路径**◇：如果当前文档中存在选区，单击该按钮，可以将选区转换为工作路径。
- **添加蒙版**□：单击该按钮，即可以当前选区为图层添加图层蒙版。
- **创建新路径**▣：单击该按钮，可以创建一个新的路径。按住Alt键的同时单击"创建新路径"按钮▣，可以弹出"新建路径"对话框，并进行名称的设置。拖曳需要复制的路径到"路径"面板下的"创建新路径"按钮▣上，可以复制出路径的副本。

上机实训：使用钢笔工具绘制休闲裙

使用钢笔工具绘制休闲裙的操作步骤如下。

步骤 01 执行"文件>打开"命令，打开素材"1.jpg"，如下图所示。

步骤 02 首先绘制出休闲裙的轮廓。单击工具箱中的"钢笔工具"，在选项栏中设置绘制模式为"形状"，设置"填充"为粉色、"描边"为无。在画面中单击鼠标左键建立起始点，然后将光标移到下一个位置再次单击，绘制出一条路径，如下图所示。

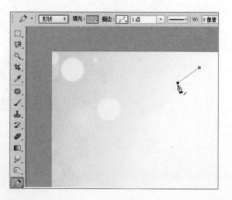

中文版Photoshop CC服装设计

步骤 03 继续将光标定位到其他位置，多次单击，使用同样方法绘制出休闲裙的大体轮廓，如下图所示。

步骤 05 单击工具箱中的"直接选择工具"，将光标移动到刚添加的锚点上，按住鼠标左键将锚点拖曳到合适位置，如下图所示。

步骤 07 使用同样的方法调整休闲裙的轮廓，如下图所示。

步骤 04 调节休闲裙的轮廓。选择"钢笔工具"，将光标放在想要调节部分的路径上，当光标变为"添加锚点"光标时，单击鼠标左键，添加锚点。添加完的锚点旁边会出现两个控制柄，如下图所示。

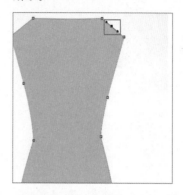

步骤 06 将光标放置在一端的控制柄上，按住鼠标左键拖动调整路径边缘的形态，如下图所示。

步骤 08 接下来绘制休闲裙的右袖。继续使用"钢笔工具"，在选项栏中设置绘制模式为"形状"，设置"填充"为洋红色、"描边"为无，在画面上绘制出休闲裙右袖，如下图所示。

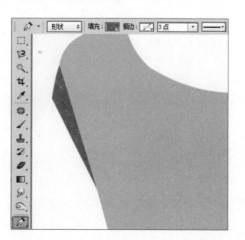

步骤 09 将绘制完的右袖图层进行复制，执行"编辑>变换路径>水平翻转"命令将复制出来的袖子摆放在合适位置，如下图所示。

步骤 10 接下来使用"钢笔工具"绘制领口和腰部装饰，如下图所示。

步骤 11 使用"钢笔工具"绘制出裙体侧面的阴影部分，如下图所示。

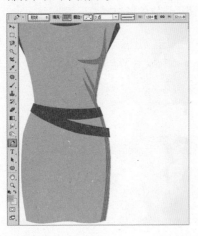

步骤 12 将裙体侧面的阴影部分复制出一份，如下图所示。

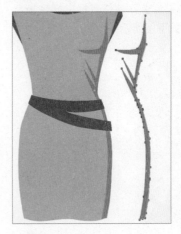

步骤 13 使用"钢笔工具"在需要调节的地方加上三个锚点，如下图所示。

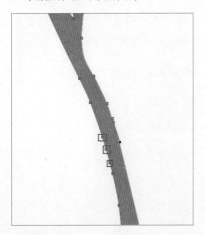

步骤 14 在按住Alt键的同时用鼠标拖曳中间锚点的位置，如下图所示。

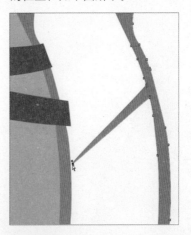

步骤 15 使用上述方法继续调节，调节完成后的阴影效果如下图所示。

步骤 16 执行"编辑>变换路径>水平翻转"命令，将阴影放在合适位置，最终效果如下图所示。

 课后练习

1. 选择题

(1) 可将路径转换为选区的快捷键是_____。

    A. Shift+Enter   B. Alt+Enter

    C. Ctrl+Enter   D. Enter

(2) 使用_____工具可以直接绘制箭头形状。

    A. 矩形工具   B. 椭圆工具

    C. 多边形工具   D. 直线工具

(3) 使用以下_____工具可以选择单个锚点。

    A. 直接选择工具   B. 路径选择工具

    C. 移动工具   D. 钢笔工具

2. 填空题

(1) 使用_____工具可以将角点转换为平滑点。

(2) 矢量绘图模式有_____模式、_____模式、_____模式三种。

(3) 若要切换到"磁性钢笔工具",需要勾选选项栏中的_____选项。

3. 上机题

本上机题要求利用钢笔工具绘制裤子的轮廓,再配合钢笔工具组以及选择工具组中的工具对裤子的形态进行调整。在绘制过程中需要注意将绘制模式设置为"形状"。

Chapter 05 调色技术

本章概述

调色是Photoshop的核心功能之一，在Photoshop中提供了20余种用于颜色调整的命令，通过这些命令的使用不仅能够对数码照片进行颜色调整，在服装效果图绘制中也起着至关重要的作用。例如在设计系列服装时，可制作出一种颜色的服装款式图，然后借助调色命令快速得到另外几种颜色的效果。

核心知识点

❶ 调整图层的使用方法
❷ 多种调色命令的协同使用

5.1 调色命令的使用方法

"调色"就是对于图像颜色的更改。在Photoshop的"图像>调整"菜单中提供了很多种调色命令。选择需要调色的图层，如下左图所示。然后执行所需的调色命令，例如执行"图像>调整>亮度/对比度"命令，并进行一定的参数设置就能够看到画面颜色的变化，如下中图所示。最后效果如下右图所示。

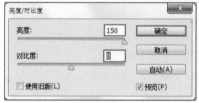

直接对图层应用调色命令的方法比较直观，但是这种方法一次只能针对一个图层进行操作，而且调色之后的图层无法方便地还原之前的效果或者进行调色数值的更改。除了这种方法之外，还有一种更为灵活的调色方式——使用调整图层。

执行"图层>新建调整图层"命令，在子菜单中可以看到大量与"图像>调整"菜单下相同的命令，执行其中某一项命令，即可在"图层"面板创建出与之对应的一个"调整图层"，这个图层的位置是可进行随意调整的，位于该图层下方的所有图层都会受到这一颜色调整图层的影响。

选中这一调整图层，执行"窗口>属性"命令，打开"属性"面板，在"属性"面板中可以看到这一调色命令的参数设置选项，如下图所示。随着参数的调整，画面会发生颜色变化。这种调色方式的优势在于：如果对调色效果不满意，可以再次单击该调整图层，在"属性"面板中重新进行参数的调整，而且不会影响其他图层的原始内容。

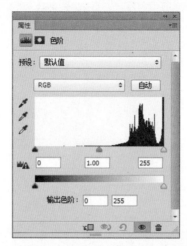

提示 每个调整图层都带有一个图层蒙版，在蒙版中可以使用黑色、白色控制该调整图层起作用的区域。蒙版中黑色的区域表示透明，也就是这个区域中调整图层不起作用；白色区域表示不透明，也就是说这个区域中调整图层起作用。

5.2　自动调色命令

　　在"图像"菜单中提供了三个可以快速自动调整图像颜色的命令："自动色调"、"自动对比度"和"自动颜色"命令。这些命令会自动检测图像明暗以及偏色问题，无须设置参数就可以进行自动的校正，通常用于校正数码照片出现的明显的偏色、对比度过低、颜色暗淡等常见问题。下左图所示为使用"自动色调"命令的效果对比，下中图所示为使用"自动对比度"命令的效果对比，下右图所示为使用"自动颜色"命令的效果对比。

5.3　颜色调整命令

　　执行"图像>调整"命令，在子菜单中可以看到23个调色命令。每个调色命令都包含多个参数设置，通过这些命令的使用可针对图像的明暗、对比度、饱和度、色调等属性进行调整。

5.3.1 亮度/对比度

　　"亮度/对比度"命令可以调整图像的明暗程度和对比度。打开一张图片，如下左图所示。接着执行"图像>调整>亮度/对比度"菜单命令，打开"亮度/对比度"对话框，在这里可以进行参数的设置，调整完成后单击"确定"按钮完成操作，如下中图所示。此时画面效果如下右图所示。

- **亮度**：用来设置图像的整体亮度。数值为负值时，表示降低图像的亮度，如下左图所示；数值为正值时，表示提高图像的亮度，如下右图所示。

- **对比度**：用于设置图像明暗对比的强烈程度。数值为负值时，表示降低对比度，如下左图所示；数值为正值时，表示增加对比度，如下右图所示。

5.3.2　色阶

　　"色阶"命令通过调整图像的阴影、中间调和高光的强度级别，从而校正图像的色调范围和色彩平衡。"色阶"命令不仅可对整个图像的明暗进行调整，还可以对图像的某一范围或者各个通道、图层进行调整。

　　打开图片，如下左图所示。接着执行"图像>调整>色阶"菜单命令或按快捷键Ctrl+L，即可打开"色阶"对话框，如下右图所示。

- **预设**：展开"预设"下拉列表，可以选择一种预设的色阶调整选项来对图像进行调整。
- **通道**：在"通道"下拉列表中可以选择一个通道，通过控制某个通道的明暗程度，调整图像中这一通道颜色的含量，以校正图像的颜色。
- **在图像中取样以设置黑场**：使用该吸管在图像中单击取样，可以将单击点处的像素调整为黑色，同时图像中比该单击点暗的像素也会变成黑色，如下图所示。

- **在图像中取样以设置灰场**：使用该吸管在图像中单击取样，可以根据单击点像素的亮度来调整其他中间调的平均亮度，如下图所示。

● **在图像中取样以设置白场** : 使用该吸管在图像中单击取样, 可以将单击点处的像素调整为白色, 同时图像中比该单击点亮的像素也会变成白色, 如下图所示。

● **输入色阶**: 这里可以通过拖曳滑块来调整图像的阴影、中间调和高光, 同时也可以直接在对应的数值框中输入数值。例如向左拖曳中间调滑块时, 可以使图像变亮, 如下左图所示; 向右拖曳中间调滑块可以使图像变暗, 如下右图所示。

● **输出色阶**: 这里可以设置图像的亮度范围, 从而降低对比度, 如下左图和下右图所示。

5.3.3 曲线

"曲线"命令是一个既可以调整图像明暗, 又可以调整图像对比度, 还可以对图像颜色进行调整的非常实用的调色命令。"曲线"命令的使用比较直观, 只需要在一条直线上添加控制点并调整曲线形态, 即可改变画面的颜色。

打开一张图片,如下左图所示。然后执行"图像>调整>曲线"菜单命令或按快捷键Ctrl+M,打开"曲线"对话框。在倾斜的直线上按住鼠标左键并拖动即可将其改变为曲线的形态,随着曲线形态的变化,画面的明暗以及色彩都会发生变化;在"通道"下拉列表中选择单独通道,并调整曲线形态时,画面则会产生颜色的变化,如下中图所示。调整曲线后的图像效果,如下右图所示。

 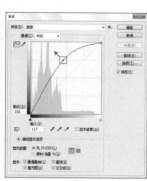 

- **预设**:在"预设"下拉列表中共有9种曲线预设效果,选中即可自动生成调整效果。
- **通道**:在"通道"下拉列表中可以选择一个通道来对图像进行调整,以校正图像的颜色。
- **在曲线上单击并拖动可修改曲线**:选择该工具以后,将光标放置在图像上,曲线上会出现一个圆圈,表示光标处的色调在曲线上的位置,拖曳鼠标左键可以添加控制点以调整图像的色调。向上调整表示提亮,向下调整则为压暗,如下图所示。

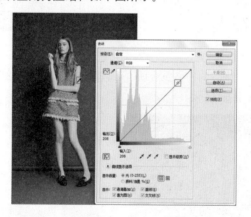

- **编辑点以修改曲线**:使用该工具在曲线上单击,可以添加新的控制点,通过拖曳控制点可以改变曲线的形状,从而达到调整图像的目的,下右图所示为调整后的曲线形状,下左图所示为调整曲线后的图像效果。

 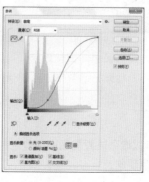

- **通过绘制来修改曲线** ✐：使用该工具可以以手绘的方式自由绘制出曲线，绘制好曲线以后单击"编辑点以修改曲线"按钮 ⬚，可以显示出曲线上的控制点。
- **输入/输出**："输入"即"输入色阶"，显示的是调整前的像素值；"输出"即"输出色阶"，显示的是调整以后的像素值。

5.3.4 曝光度

"曝光度"命令用于校正图像常见的曝光过度、曝光不足的问题。打开一张图片，如下左图所示。接着执行"图像>调整>曝光度"菜单命令，打开"曝光度"对话框并调整参数，如下中图所示。设置完成后单击"确定"按钮，此时画面效果如下右图所示。

- **预设**：Photoshop预设了4种曝光效果，分别是"减1.0"、"减2.0"、"加1.0"和"加2.0"。
- **曝光度**：调整画面的曝光度。向左拖曳滑块，可以降低曝光效果，如下左图所示；向右拖曳滑块，可以增强曝光效果，如下右图所示。

- **位移**：该选项主要对阴影和中间调起作用，可以使其变暗，但对高光基本不会产生影响。
- **灰度系数校正**：使用一种乘方函数来调整图像灰度系数，可以增加或减少画面的灰度系数。

5.3.5 自然饱和度

"自然饱和度"命令可以增强或减弱画面中颜色的饱和度，其特点在于增强画面饱和度时不会造成画面饱和度过高而产生的溢色现象。

在下左图中可以看到人物的颜色饱和度较低，接着执行"图像>调整>自然饱和度"菜单命令，打开"自然饱和度"对话框，然后调整"自然饱和度"和"饱和度"数值，如下中图所示。设置完成后单击"确定"按钮，此时画面效果如下右图所示。

- **自然饱和度**：向左拖曳滑块，可以降低颜色的饱和度，如下左图所示；向右拖曳滑块，可以增加颜色的饱和度，如下右图所示。

- **饱和度**：向左拖曳滑块，可以降低所有颜色的饱和度，如下左图所示；向右拖曳滑块，可以增加所有颜色的饱和度，如下右图所示。

5.3.6　色相/饱和度

"色相/ 饱和度"命令可以对画面的色相、饱和度、明度进行修改，而且该命令既可针对整个画面调整色相、饱和度和明度，也可单独调整"红色"、"黄色"、"绿色"、"青色"、"蓝色"、"洋红"的属性。

打开图片，如下左图所示。接着执行"图像>调整>色相/饱和度"菜单命令或按快捷键Ctrl+U，打开"色相/饱和度"对话框，如下中图所示。调色效果如下右图所示。

● **预设**：在"预设"下拉列表中提供了8种色相/饱和度预设，其对应效果如下图所示。

氰版照相　　　　　　进一步增加饱和度　　　　　增加饱和度　　　　　　　旧样式

红色提升　　　　　　　深褐　　　　　　　　　强饱和度　　　　　　　黄色提升

● **通道下拉列表**：在通道下拉列表中可以选择全图、红色、黄色、绿色、青色、蓝色和洋红通道进行调整。选择好通道以后，拖曳下面的"色相"、"饱和度"和"明度"的滑块，可以对该通道的色相、饱和度和明度进行调整。

● **在图像上单击并拖动可修改饱和度**🖑：使用该工具在图像上单击设置取样点，如下左图所示。然后按住鼠标左键向左拖曳可以降低图像的饱和度，如下中图所示；向右拖曳可以增加图像的饱和度，如下右图所示。

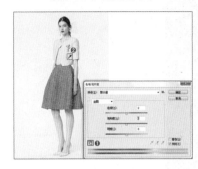 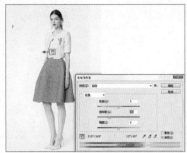 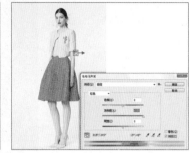

● **着色**：勾选该项以后，图像会整体偏向于单一的红色调，还可以通过拖曳3个滑块来调节图像的色调，效果如下图所示。

5.3.7 色彩平衡

　　"色彩平衡"命令是利用"补色原理"来校正偏色图像或调整风格化的图像颜色。也就是说，要减少某个颜色就增加这种颜色的补色，使图像整体达到色彩平衡。打开一张图片，如下左图所示。接着执行"图像>调整>色彩平衡"菜单命令，打开"色彩平衡"对话框，如下中图所示。设置完参数后单击"确定"按钮，如下中图所示。此时画面效果如下右图所示。

● **色彩平衡**：用于调整"青色-红色"、"洋红-绿色"以及"黄色-蓝色"在图像中所占的比例，可以手动输入，也可以拖曳滑块来进行调整。比如，向左拖曳"黄色-蓝色"滑块，可以在图像中增加

黄色，同时减少其补色蓝色，如下左图所示；反之，可以在图像中增加蓝色，同时减少其补色黄色，如下右图所示。

● **色调平衡**：选择调整色彩平衡的方式，包含"阴影"、"中间调"和"高光"三个选项。下左图所示为勾选"阴影"时的调色效果，下中图所示为勾选"中间调"时的调色效果；下右图所示为勾选"高光"时的调色效果。

● **保持明度**：如果勾选该选项，还可以保持图像的色调不变，以防止亮度值随着颜色的改变而改变。

5.3.8　黑白

"黑白"命令主要用于制作无色的黑白图像，它的优势在于将彩色图像转换为黑白图像的同时，还可以控制每一种色调转换为灰度时的明暗程度。除此之外"黑白"命令还可以制作单色图像。

打开一张图像，如下左图所示。执行"图像>调整>黑白"菜单命令或按快捷键Alt+Shift+Ctrl+B，打开"黑白"对话框，如下中图所示。此时画面效果如下右图所示。

- **预设**：在"预设"下拉列表中提供了12种黑色效果，可以直接选择相应的预设来创建黑白图像。
- **颜色**：这6个选项用来调整图像中特定颜色的灰色调。例如，在这张图像中，向左拖曳"红色"滑块，可以使由红色转换而来的灰度色变暗，如下左图所示；向右拖曳，则可以使灰度色变亮，如下右图所示。

- **色调**：勾选"色调"选项，可以为黑色图像着色，以创建单色图像，另外还可以调整单色图像的色相和饱和度，下左图和下右图所示为设置不同色调的效果。

5.3.9 照片滤镜

"照片滤镜"是一款通过模拟在相机镜头前面添加彩色滤镜，而实现改变画面色温的效果。打开一张图片，如下左图所示。接着执行"图像>调整>照片滤镜"菜单命令，打开"照片滤镜"对话框，然后进行参数的设置，如下中图所示。参数设置完后单击"确定"按钮，效果如下右图所示。

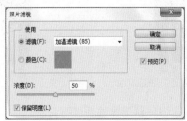

● **滤镜**：在"滤镜"下拉列表中可以选择一种预设的效果应用到图像中。下左图所示为加温滤镜（LBA）效果，下右图所示为冷却滤镜（80）效果。

● **颜色**：选择"颜色"选项，可以自行设置滤镜颜色。下左图所示为"颜色"为青色时的效果，下右图所示为"颜色"为洋红色时的效果。

● **浓度**：设置"浓度"数值可调整滤镜颜色应用到图像中的颜色百分比。数值越高，应用到图像中的颜色浓度就越大，如下左图所示；数值越小，应用到图像中的颜色浓度就越低，如下右图所示。

● **保留明度**：勾选该选项以后，可以保留图像的明度不变。

5.3.10 通道混合器

"通道混合器"命令是通过混合当前通道颜色与其他通道的颜色像素,从而改变图像的颜色。打开一张图像,如下左图所示。执行"图像>调整>通道混合器"菜单命令,打开"通道混合器"对话框,如下中图所示。在该对话框中进行设置,设置完毕后单击"确定"按钮,图像效果如下右图所示。

- **预设**:Photoshop提供了6种制作黑白图像的预设效果。
- **输出通道**:在下拉列表中可以选择一种通道来对图像的色调进行调整。下左图所示为设置通道为"绿"的调色效果,下右图所示为设置通道为"蓝"的调色效果。

- **源通道**:设置颜色在图像中所占的百分比。
- **总计**:显示源通道的计数值。如果计数值大于100%,则有可能会丢失一些阴影和高光细节。
- **常数**:用来设置输出通道的灰度值,负值可在通道中增加黑色,正值可在通道中增加白色。
- **单色**:勾选该选项可以制作黑白图像。

> **提示** "通道混合器"命令不仅可以用于为图像调整出风格化的颜色,同时也常用于制作高品质的黑白图像,勾选"单色"选项,接着可以通过调整数值更改画面各个部分的明度。

5.3.11 颜色查找

"颜色查找"命令可简单有效地为图像赋予预设的色调效果。执行"图像>调整>颜色查找"命令,在弹出的对话框中可以选择3DLUT文件、摘要、设备链接三种颜色查找的方式,在每种方式的下拉列表中还可选择合适的类型,如下图所示。选择完后可以看到图像整体颜色发生了风格化的改变。

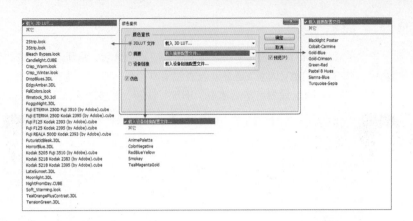

5.3.12 反相

"反相"命令可以将图像中的颜色转换为它的补色。打开一张图片，如下左图所示。然后执行"图像>调整>反相"命令，即可得到反相效果，如下右图所示。"反相"命令是可逆的过程，再次执行该命令可以得到原始效果。

5.3.13 色调分离

"色调分离"命令是将图像中每个通道的色调级数目或亮度值指定级别，然后将其余的像素映射到最接近的匹配级别。设置的"色阶"值越小，分离的色调越多；"色阶"值越大，保留的图像细节就越多。

下左图所示为原图，接着执行"图像>调整>色调分离"命令，在"色调分离"对话框中可以进行"色阶"数量的设置，如下中图所示。色调分离效果如下右图所示。

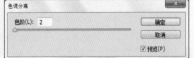

5.3.14 阈值

"阈值"命令用于制作只有黑白两色的图像。在"阈值"对话框中设置"阈值色阶"数值，亮度高于这个数值的区域会变白，亮度低于这个数值的区域会变黑。阈值越大黑色像素分布就越广。

打开一个图像，如下左图所示。接着执行"图像>调整>阈值"命令，打开"阈值"对话框，然后拖曳滑块调整阈值色阶，如下中图所示。设置完成后单击"确定"按钮，画面效果如下右图所示。

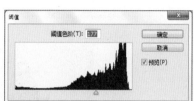

5.3.15 渐变映射

使用"渐变映射"命令，首先需要编辑一种渐变颜色，然后按原图的明暗关系将渐变颜色映射到图像中不同亮度的区域中。

打开一张图片，如下左图所示。接着执行"图像>调整>渐变映射"命令，打开"渐变映射"对话框，然后单击渐变色条，打开"渐变编辑器"对话框并编辑一个合适的渐变颜色，如下中图所示。设置完成后单击"确定"按钮，此时画面颜色效果如下右图所示。

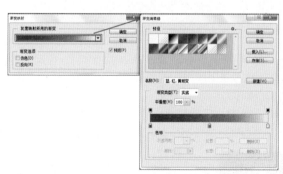

- **仿色**：勾选该选项以后，Photoshop会添加一些随机的杂色来平滑渐变效果。
- **反向**：勾选该选项以后，可以反转渐变的填充方向，映射出的渐变效果也会发生变化。

5.3.16 可选颜色

"可选颜色"命令可以对图像中的红、黄、绿、青、蓝、洋红、白色、中性色以及黑色中青色、洋红、黄色及黑色4种颜色所占的百分比进行调整，从而实现调色的目的。

打开图片，如下左图所示。然后执行"图像>调整>可选颜色"菜单命令，打开"可选颜色"对话框，如下中图所示。设置完成后单击"确定"按钮，效果如下右图所示。

● **颜色**：在下拉列表中选择要修改的颜色，然后调整下面的颜色，可以调整该颜色中青色、洋红、黄色和黑色所占的百分比。下左图所示为设置"颜色"为黑色的调色效果，下右图所示为设置"颜色"为中性色的调色效果。

● **方法**：选择"相对"方式，可以根据颜色总量的百分比来修改青色、洋红、黄色和黑色的数量；选择"绝对"方式，可以采用绝对值来调整颜色。

5.3.17 阴影/高光

"阴影/高光"命令可以通过对画面中阴影区域和高光区域的明暗进行分别调整，来还原图像阴影区域过暗或高光区域过亮造成的细节损失。

打开图片，如下左图所示。接着执行"图像>调整>阴影/高光"命令，打开"阴影/高光"对话框，如下中图所示。勾选"显示更多选项"选项后，可以显示"阴影/高光"的完整选项，如下右图所示。

- **阴影**："数量"选项用来控制阴影区域的亮度，值越大，阴影区域就越亮；"色调宽度"选项用来控制色调的修改范围，值越小，修改的范围就越只针对较暗的区域；"半径"选项用来控制像素是在阴影中还是在高光中，如下左图所示。修改效果如下右图所示。

- **高光**："数量"用来控制高光区域的黑暗程度，值越大高光区域越暗；"色调宽度"选项用来控制色调的修改范围，值越小修改的范围就越只针对较亮的区域；"半径"选项用来控制像素是在阴影中还是在高光中，如下左图所示。修改效果如下右图所示。

- **调整**："颜色校正"选项用来调整已修改区域的颜色；"中间调对比度"选项用来调整中间调的对比度；"修剪黑色"和"修剪白色"决定了在图像中将多少阴影和高光剪到新的阴影中。

5.3.18　HDR色调

"HDR色调"命令可以大幅度地增强画面亮部和暗部的细节，使画面更具视觉冲击力。

打开图片，如下左图所示。接着执行"图像>调整>HDR色调"菜单命令，打开"HDR色调"对话框，在其中可以使用预设选项，也可以自行设定参数，如下中图所示。下右图所示为HDR色调效果。

● **边缘光**：该选项组用于调整图像边缘光的强度。不同的"强度"对比效果如下图所示。

● **色调和细节**：调节该选项组中的选项可以使图像的色调和细节更加丰富细腻。不同的"细节"值画面对比效果如下图所示。

5.3.19　变化

　　"变化"命令提供了一种非常直观的调色方式，首先从"阴影"、"中间调"、"高光"或者"饱和度"这几个部分中的某一个进行调整，然后在对话框的下半部分即可看到增加某种颜色所产生的效果，单击其中某一项即可为图像添加这种颜色信息。多次单击可以强化这种颜色效果。

　　打开图片，如下左图所示。然后执行"图像>调整>变化"菜单命令，打开"变化"对话框。单击各种调整相应的缩略图，可以进行相应的调整，比如单击"加深洋红"缩略图，可以应用一次加深洋红色效果，如下中图所示。在使用"变化"命令时，单击调整缩略图产生的效果是累积性的。下右图所示为使用"变化"命令制作的调色效果。

- **饱和度/显示修剪**：专门用于调节图像的饱和度。另外，勾选"显示修剪"选项，可以警告超出了饱和度范围的最高限度。
- **精细-粗糙**：该选项用来控制每次进行调整的量。特别注意，每移动一格，调整数量会双倍增加。

5.3.20　去色

"去色"命令可以在保留图像原始明度的前提下，将图像变为没有颜色的灰度图像。打开图片，如下左图所示。接着执行"图像>调整>去色"命令，图像随即变为黑白色，如下右图所示。

5.3.21　匹配颜色

"匹配颜色"命令能够以其他图像或者图层的颜色作为样本，对所选图像进行色彩之间的匹配。

在下图❶中要将人物与背景的颜色进行匹配。选择"人物"图层，执行"图像>调整>匹配颜色"命令，打开"匹配颜色"对话框。接着设置"源"为要作为颜色样本的图像文件，因为要将"人物"图层的颜色与"背景"图层的颜色进行匹配，所以设置"图层"为"背景"，如下图❷所示。然后对匹配的颜色进行调整，通过"明亮度"、"颜色强度"、"渐隐"进行调色，设置完成后单击"确定"按钮，如下图❸所示。此时画面效果如下图❹所示。

- **目标**：这里显示要修改的图像的名称以及颜色模式。

- **应用调整时忽略选区**：如果目标图像（即被修改的图像）中存在选区，勾选该选项，Photoshop将忽视选区的存在，会将调整应用到整个图像，如下左图所示。如果不勾选该选项，那么调整只针对选区内的图像，如下右图所示。

- **渐隐**："渐隐"选项有点类似于图层蒙版，它决定了有多少源图像的颜色匹配到目标图像的颜色中。下左图所示为渐隐量15的匹配效果，下右图所示为渐隐量100（不应用调整）时的匹配效果。

- **使用源选区计算颜色**：该选项可以使用源图像中的选区图像的颜色来计算匹配颜色。下左图所示为选区的位置，下右图所示为勾选"使用源选区计算颜色"的效果。

- **使用目标选区计算调整**：该选项可以使用目标图像中的选区图像的颜色来计算匹配颜色（注意，这种情况必须选择源图像为目标图像）。下左图所示为选区的位置，下右图所示为勾选"使用目标选区计算调整"的效果。

- **源**：该选项用来选择源图像，即将颜色匹配到目标图像的图像。

5.3.22　替换颜色

"替换颜色"命令可以对图像中的指定颜色进行色相、饱和度以及明度的修改，从而达到替换某一颜色的目的。

接下来使用"替换颜色"命令更改人物裙子的颜色。打开图片，如下左图所示。然后执行"图像>调整>替换颜色"命令，打开"替换颜色"对话框。默认情况下选择的是"吸管工具"，然后设置"颜色容差"数值，接着将光标移动到裙子的位置，单击拾取颜色，此时可以看到缩览图中裙子的位置变为了白色，在此缩览图中，白色代表被选中，如下右图所示。

接着对裙子进行调色。在"替换"选项组中，通过更改"色相"、"饱和度"和"明度"选项去调整替换的颜色，通过"结果"选项观察替换颜色的效果，如下左图所示。设置完成后单击"确定"按钮，此时的裙子效果如下右图所示。

- **本地化颜色簇**：该选项主要用来同时在图像上选择多种颜色。
- **吸管**：利用"吸管工具"可以选中被替换的颜色。使用"吸管工具"在图像上单击，可以拾取单击点处的颜色，同时在"选区"选项组中的缩览图中也会显示出选中的颜色区域（白色代表选中的颜色，黑色代表未选中的颜色），如下左图所示。使用"添加到取样"在图像上单击，可以将单击点处的颜色添加到选中的颜色中，如下中图所示。使用"从取样中减去"在图像上单击，可以将单击点处的颜色从选定的颜色中减去，如下右图所示。

- **颜色容差**：该选项用来控制选中颜色的范围。数值越大，选中的颜色范围越广。下左图所示的是"颜色容差"为40的效果，下右图所示的是"颜色容差"为120的效果。

- **选区/图像**：选择"选区"方式，可以以蒙版方式进行显示，其中白色表示选中的颜色，黑色表示未选中的颜色，灰色表示只选中了部分颜色，如下左图所示；选择"图像"方式，则只显示图像，如下右图所示。

- **替换**："替换"选项组中包括三个选项，这三个选项与"色相/饱和度"命令的三个选项相同，可以调整选定颜色的色相、饱和度和明度。调整完成后，画面选区部分即可变成替换的颜色。下左图所示的是将裙子更改为紫色的效果，下右图所示的是将裙子更改为橘黄色的效果。

5.3.23 色调均化

执行"图像>调整>色调均化"命令，Photoshop会自动重新分布图像中像素的亮度值，以便它们更均匀地呈现所有范围的亮度级。下左图和下右图所示的分别是应用色调均化前后的效果。

如果图像中存在选区，则执行"色调均化"命令时会弹出一个对话框，如下左图所示。在这里可以选择"仅色调均化所选区域"或者"基于所选区域色调均化整个图像"，如下右图所示。

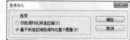

知识延伸：图像颜色模式

图像的颜色模式是指将某种颜色表现为数字形式的模型，或者说是一种记录图像颜色的方式。执行"图像>模式"命令，在子菜单中可以看到多种颜色模式：位图模式、灰度模式、双色调模式、索引颜色模式、RGB颜色模式、CMYK颜色模式、Lab颜色模式和多通道模式，如下图所示。选择其中一项即可进行颜色模式的切换。

在处理数码照片时一般使用RGB颜色模式；涉及需要印刷的产品时需要使用CMYK颜色模式；而Lab颜色模式是色域最宽的颜色模式，也是最接近真实世界颜色的一种颜色模式。

01
02
03
04
05
调色技术
06
07
08
09
10
11
12
13
14
15

上机实训：使用调色命令制作四色羊绒外套

使用调色命令制作四色羊绒外套的操作步骤介绍如下。

步骤 01 执行"文件>打开"命令，打开素材"1.jpg"，如右图所示。

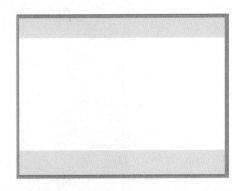

步骤 02 首先绘制外套的右前片。单击工具箱中的"钢笔工具" ，在选项栏中设置绘制模式为"形状"，设置"填充"为白色、"描边"为黑色、描边宽度为"1点"、描边类型为"直线"。在画面中绘制出"右前片"的轮廓形态，如下图所示。

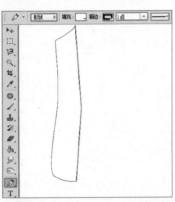

步骤 03 使用同样的方法绘制外套右前片的"袋盖"，如下图所示。

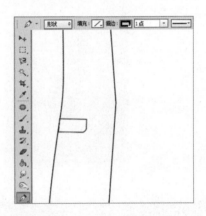

步骤 04 绘制外套上的衣褶。单击工具箱中的"自由钢笔工具" ，在选项栏中设置绘制模式为"形状"，设置"填充"为白色、"描边"为黑色、描边宽度为"1点"，选择一种合适的描边类型，在衣袋上方绘制出右前片的衣褶，如下图所示。

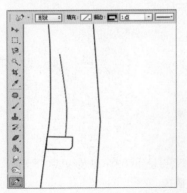

步骤 05 继续使用"钢笔工具"，在选项栏中设置描边宽度为"0.5点"、描边类型为"虚线"，在肩部绘制虚线的缉明线，如下图所示。用同样的方法绘制出右前片底部的缉明线。

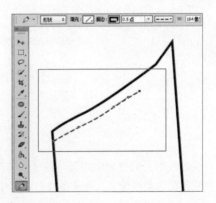

步骤06 将制作的右前片的图层全部选中，使用"图层编组"命令或按快捷键Ctrl+G进行编组，命名为"右"组。按快捷键Ctrl+J，复制出"左"组，使用"移动工具"将"左"组向右侧进行适当移动。

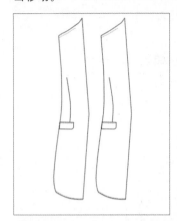

步骤08 接下来绘制外套的后片。单击工具箱中的"钢笔工具" 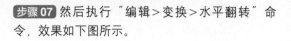，在选项栏中设置绘制模式为"形状"，设置"填充"为灰色、"描边"为黑色、描边宽度为"1点"、描边类型为"直线"，绘制出"后片"，如下图❶所示。使用同样方法绘制出后片下半部，如下图❷所示。

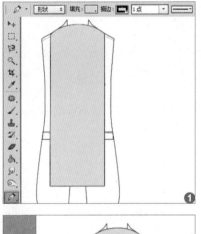

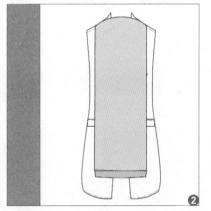

步骤07 然后执行"编辑>变换>水平翻转"命令，效果如下图所示。

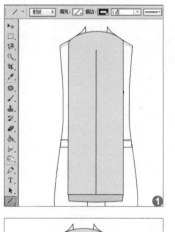

步骤09 绘制后片的中分线。单击选择"直线工具"，在选项栏中设置绘制模式为"形状"，设置"填充"为无色、"描边"为黑色、描边宽度为"1点"、描边类型为"直线"，绘制出后片上的中分线，如下图❶所示。使用同样方法绘制出其他线段，如下图❷所示。

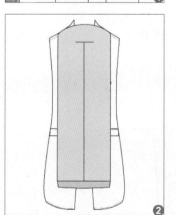

步骤 10 单击工具箱中的"钢笔工具"，在选项栏中设置绘制模式为"形状"，设置"填充"为灰色、"描边"为黑色、描边宽度为"1点"、描边类型为"直线"，绘制出后片的衣领，如下图❶所示。在"图层"面板中将外套后片所有图层选中，按快捷键Ctrl+G进行编组，再将该组放在前片图层组的最下方，效果如下图❷所示。

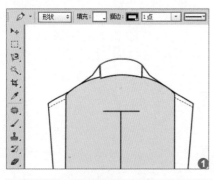

步骤 11 下面开始绘制右衣领。单击工具箱中的"钢笔工具"，在选项栏中设置绘制模式为"形状"，设置"填充"为白色、"描边"为黑色、描边宽度为"1点"、描边类型为"直线"，绘制右衣领下半部分的轮廓，如下图❶所示。使用同样方法绘制出右衣领的上半部分，如下图❷所示。

步骤 12 绘制右衣领上的细节。单击工具箱中的"自由钢笔工具"，在选项栏中设置绘制模式为"形状"，设置"填充"为白色、"描边"为黑色、描边宽度为"1点"、描边类型为"虚线"，绘制衣领边缘的缉明线，如下图所示。

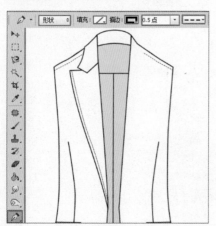

步骤 13 使用同样的方法绘制出右衣领的细节，如下图所示。

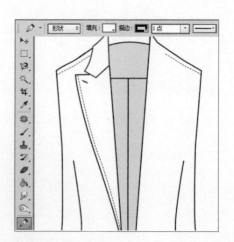

步骤 14 将右衣领的图层全部选中，按快捷键Ctrl+G进行编组操作，命名为"右衣领"组。然后按快捷键Ctrl+J，复制出"左衣领"组，执行"编辑>变换>水平翻转"命令，将左衣领摆放在合适位置，如下图所示。

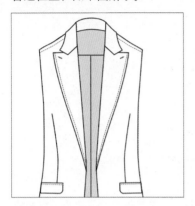

步骤 16 使用同样的方法绘制出袖口形状，如下图所示。

步骤 18 使用同样的方法绘制出右衣袖上的缉明线，如下图所示。

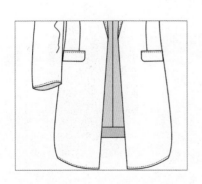

步骤 15 接下来制作衣袖部分。单击工具箱中的"钢笔工具"，在选项栏中设置绘制模式为"形状"，设置"填充"为白色、"描边"为黑色、描边宽度为"1点"、描边类型为"直线"，绘制右衣袖轮廓，如下图所示。

步骤 17 绘制右衣袖上的衣褶。单击工具箱中的"自由钢笔工具"，在选项栏中设置绘制模式为"形状"，设置"填充"为白色、"描边"为黑色、描边宽度为"1点"、描边类型为"直线"，绘制出右衣袖上的衣褶，如下图所示。

步骤 19 将制作的右衣袖的图层全部选中，按快捷键Ctrl+G进行编组操作，命名为"右衣袖"组。按快捷键Ctrl+J，复制出"左衣袖"组，然后执行"编辑>变换>水平翻转"命令，再将左衣袖摆放在合适位置，如下图所示。

步骤 20 将全部衣服的图层和图层组进行编组，命名为"组1"，如下左图所示。执行"文件>置入"命令，将面料素材"1.jpg"置入到画面中，如下右图所示，使用"自由变换"命令，调整素材的显示比例，并摆放在合适位置上。

步骤 21 选中面料素材图层，并在图层上单击鼠标右键，执行弹出菜单中的"创建剪贴蒙版"命令，如下左图所示。此时素材只显示出外套区域内的部分，如下右图所示。

步骤 22 选择面料图层，在"图层"面板中设置混合模式为"正片叠底"，如下左图所示。此时服装的轮廓线已显现出来，如下右图所示。

步骤 23 接下来制作另外几种颜色的外套。将制作的外套的图层全部选中，按快捷键Ctrl+G进行编组，命名为"驼色羊绒外套"组。按快捷键Ctrl+J，复制出"灰色羊绒外套"组，使用"移动工具"，在按住Alt键的同时向右水平拖动复制出一个相同的内容，如下图所示。

步骤 24 首先制作灰色外套。执行"图层>新建调整图层>曲线"命令，调节曲线形态，单击"此调整剪切到此图层"按钮，如下左图所示。效果如下右图所示。

步骤 25 执行"图层>新建调整图层>色相/饱和度"命令，将"饱和度"调节到-100，单击"此调整剪切到此图层"按钮，如下左图所示。效果如下右图所示。

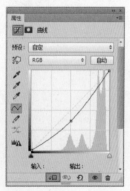

步骤 26 选择"驼色羊绒外套"组图层，再次按快捷键Ctrl+J，复制出"棕色羊绒外套"组，效果如下图所示。

步骤 27 接下来制作棕色的外套。执行"图层>新建调整图层>曲线"命令，调节曲线形态，单击"此调整剪切到此图层"按钮，如下图所示。

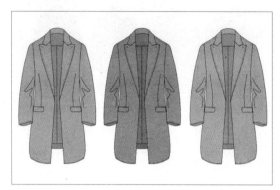

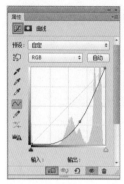

步骤 28 新建"色相/饱和度"调整图层，设置"饱和度"为-30、"色相"为6，单击"此调整剪切到此图层"按钮，如下图所示。

步骤 29 选择"驼色羊绒外套"组图层，按快捷键Ctrl+J，复制出"深蓝羊绒外套"组，效果如下图所示。

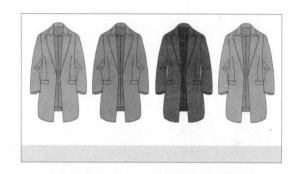

步骤 30 选择面料素材图层，按两次快捷键Ctrl+J，复制出该图层的两个副本，如下左图所示。此时服装面料的颜色深度被增强，如下右图所示。

步骤 31 执行"图层>新建调整图层>曲线"命令，调节曲线形态，单击"此调整剪切到此图层"按钮，如下图所示。

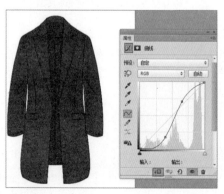

步骤 32 新建"色相/饱和度"调整图层，设置"饱和度"为-65、"色相"为-158，单击"此调整剪切到此图层"按钮，此时外套呈现出深蓝色效果，如下图所示。

步骤 33 制作完成的四色羊绒外套整体效果如下图所示。

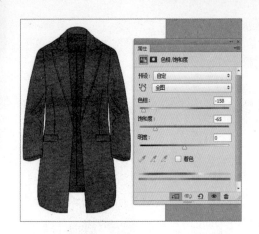

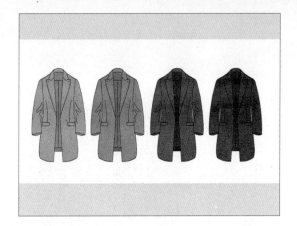

课后练习

1. 选择题

(1) 以下_____命令不能够对色相进行调整。

    A. 曲线   B. 可选颜色

    C. 色相/饱和度   D. 亮度/对比度

(2) "黑白"菜单命令的快捷键是_____。

    A. Alt+Shift+Ctrl+B   B. Alt+Shift+B

    C. Shift+Ctrl+B   D. Alt+Ctrl+B

(3) "曲线"命令的快捷键是_____。

    A. Ctrl+L   B. Ctrl+M

    C. Ctrl+U   D. Ctrl+I

2. 填空题

(1) _____命令可以按照明暗关系将渐变颜色映射到图像中不同亮度的区域中。

(2) _____命令可以将图像中的颜色转换为它的补色。

(3) _____命令是通过混合当前通道颜色与其他通道的颜色像素，从而改变图像颜色的。

3. 上机题

本上机题要求使用钢笔工具绘制服装的轮廓，并使用"剪贴蒙版"功能为服装添加面料效果。制作出其中一款颜色的服装款式图后，可以借助调色命令制作出另外两款颜色的服装款式图。

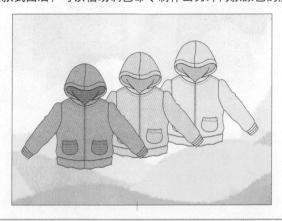

本章概述

"文字"是设计作品中常见的元素，例如服装上的品牌LOGO、图案化的文字装饰都可以为设计方案增色不少。除此之外，文字内容对于设计方案的解读也起着至关重要的作用。设计师的设计意图不仅仅要体现在时装效果图上，以文字形式展现在设计方案上更有利于他人的理解。

核心知识点

❶ 熟练掌握文本工具的使用方法
❷ 熟练掌握创建点文字、段落文字以及路径文字的方法
❸ 掌握文字属性的编辑方法

6.1 使用文字工具

创建文本是文本处理最基本的内容，在Photoshop中可以创建多种形式的文本：例如需要键入少量文字时可以使用的"点文字"，当对大段文字排版时需要使用的"段落文字"，可以沿路径排列的"路径文字"，限定在一个路径区域范围内的"区域文字"。

6.1.1 文字工具

在工具箱的文字工具组中可以看到4个工具，分别是"横排文字工具" ⊤、"直排文字工具" ⊥⊤、"横排文字蒙版工具" ⊤、"直排文字蒙版工具" ⊥⊤，如下图所示。前两种工具是用于创建文字对象的，而后两种工具则用于创建文字形态的选区。

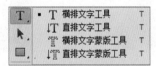

"横排文字工具"与"直排文字工具"的选项栏参数基本相同，单击工具箱中的"横排文字工具"，在选项栏中可以对即将输入的文字字体、大小、对齐方式、颜色进行设置，如下图所示。

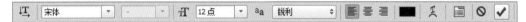

● ▣**切换文本取向**：在选项栏中单击"切换文本取向"按钮，可以将横向排列的文字更改为竖向排列，也可以执行"类型>文本排列方向>横排/竖排"菜单命令来进行切换。下左图所示为横排文字效果，下右图所示为竖排文字效果。

● 宋体 ▾ **设置字体系列**：在选项栏中单击"设置字体系列"下拉按钮，可在下拉列表中选择合适的字体。下左图和下右图所示为使用不同字体时的效果。

● ⫟T 12点 ▾ **设置字体大小**：输入文字以后，如果要更改字体的大小，可以直接在"设置字体大小"数值框中输入数值，也可以在下拉列表中选择预设的字体大小。若要改变部分字符的大小，则需要选中要更改的字符后进行设置。下左图所示为设置文字大小为25点的效果，下右图所示为设置文字大小为40点的效果。

● ᵃa 锐利 ▾ **消除锯齿**：输入文字以后，可以在选项栏中为文字指定一种消除锯齿的方式。选择"无"方式时，Photoshop不会应用消除锯齿；选择"锐利"方式时，文字的边缘最为锐利；选择"犀利"方式时，文字的边缘会比较锐利；选择"浑厚"方式时，文字会变粗一些；选择"平滑"方式时，文字的边缘会非常平滑。

● ▤ ▤ ▤ **设置文本对齐方式**：文本对齐方式是以输入字符时光标的位置为基准进行对齐。"左对齐文本"是以光标位置作为每行文字的最左端进行对齐，如下左图所示；"居中对齐文本"是以光标位置作为每行文字的中间点进行对齐，如下中图所示；"右对齐文本"则是以光标位置作为每行文字的最右端进行对齐，如下右图所示。

- **设置文本颜色**：输入文本时，文本颜色默认为前景色。首先选中文字，然后单击选项栏中的"设置文本颜色"按钮，在打开的"拾色器（文本颜色）"对话框中设置合适的颜色，之后单击"确定"按钮，即可为文本更改颜色，如下左图所示。
- ⎓**创建文字变形**：选中文本，单击该按钮即可在弹出的对话框中为文本设置变形效果。输入文字以后，在文字工具的选项栏中单击"创建文字变形"按钮，即可打开"变形文字"对话框，如下中图所示。下右图所示为不同的文字变形效果。

  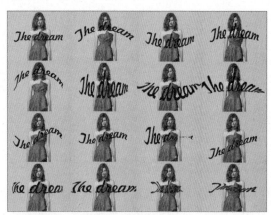

- ⎕**切换字符和段落面板**：单击该按钮即可打开字符和段落面板。
- ⊘**取消所有当前编辑**：在创建或编辑文字时，单击该按钮可以取消文字操作状态。
- ☑**提交所有当前编辑**：文字输入或编辑完成后，单击该按钮提交操作并退出文字编辑状态。

6.1.2 创建点文字

使用工具箱中的两种文字工具都可以在画面中创建点文字，非常简单。单击工具箱中的"横排文字工具"，在选项栏中设置合适的字体、字号、颜色，然后在画面中单击，此时光标变为闪烁的竖线，如下左图所示。接着输入文字，此时画面中出现了所添加的文字，如下中图所示。如果想要在下一行输入文字，需要按下键盘上的Enter键，换行效果如下右图所示。

使用文字工具在画面中键入了文字后，"图层"面板中会出现一个文字图层。选中该图层后，在选项栏中还可以进行字体、字号等参数的更改，如下左图所示。如果想要修改文字对象中的个别字符，可以使用文字工具在需要修改的字符后方单击，然后按住鼠标左键向前拖动，将其选中后可以进行单独的调整，如下右图所示。

6.1.3 创建段落文字

段落文字常用于大量文字排版时。段落文字无须对文字进行换行，文字能够自动地随段落文本框的大小调整排列方式，使版面更加规整，也更便于管理。单击工具箱中的"横排文字工具" T，在选项栏中设置文字属性，然后在操作界面中按住鼠标左键并拖曳创建出文本框，如下左图所示。文本框绘制完成后，在文本框中输入文字，效果如下右图所示。

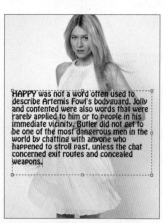

> **提示** 当段落文本框较小而不能显示全部文字时，它右下角的控制点会变为 状。按住鼠标左键并拖动，即可调整段落文本框的大小，以便于显示出完整的文字内容。

接着在其中输入文字，输入完成后单击选项栏中的"提交所有当前编辑"按钮 ✓。如果想要对段落文本的显示形态进行调整，可以在使用文字工具的状态下，单击段落文本，使段落文本框显示出来。此时按住鼠标左键并拖动，即可调整段落文本框的大小，如右图所示。

> **提示** 点文字和段落文字可以进行相互的转换。选择点文字，执行"类型>转换为段落文本"菜单命令，可以将点文字转换为段落文字。选择段落文字，执行"类型>转换为点文本"菜单命令，可以将段落文字转换为点文字。

6.1.4 创建路径文字

路径文字是一种可以按照路径形态进行排列的文字对象。所以路径文字常常用于制作不规则排列的文字效果。使用"钢笔工具"在画面中绘制一条路径，然后选择文字工具将光标移动到路径上，此时光标变为 狀，如下左图所示。在路径上单击，随即便在路径上出现闪烁的光标，如下中图所示。接着输入文字，输入的文字会沿着路径的形态进行排列，如下右图所示。如果改变路径的形态，那么文字的排列走向也会发生更改。

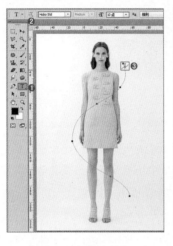 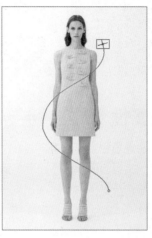 

6.1.5 创建区域文字

如果想要在一个圆形或者心形这样不规则的形态内添加文字，就需要使用到"区域文字"。首先画面中需要包含一个闭合的矢量路径，这个路径的形状就是文字的外轮廓。然后使用文字工具，将光标移动至路径内部，光标会变为 狀，如下左图所示。接着单击鼠标左键，在路径内会出现闪烁的光标，如下中图所示。继续键入文字，文字就会出现在路径的内部，如下右图所示。

 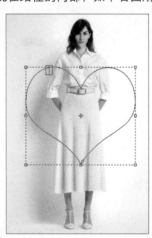 

6.1.6 创建文字选区

文字工具组中有两个工具是用于创建文字选区的："横排文字蒙版工具"T 和"直排文字蒙版工具"T。这两种工具的使用方法相同，只不过创建出的文字选区一个是水平排列的，而另一个是垂直排列的。单击"横排文字蒙版工具"T，在画面中单击，画面被半透明的红色蒙版覆盖。接着输入文字，输入完成后在选项栏中单击"提交当前编辑"按钮 ，如下左图所示。此时半透明红色蒙版消失，出现了文字选区，如下右图所示。

6.2　编辑文字对象的属性

使用文字工具进行文字输入时，在选项栏中可以看到部分文字参数的设置，例如字体、字号、对齐方式以及颜色等。但是除此之外，在"字符"面板、"段落"面板中还可以看到很多其他的文字属性的设置。

6.2.1　字符面板

执行"窗口>字符"命令，即可打开"字符"面板。在这里除了可以看到字体、字号、颜色这样的选项，还可以看到很多文字工具选项栏中没有的文字属性。选中文字对象，在"字符"面板中可以进行全部字符属性的参数设置，如下图所示。

● 设置行距 ：行距就是上一行文字基线与下一行文字基线之间的距离。选择需要调整的文字图层，然后在"设置行距"数值框中输入行距数值或在其下拉列表中选择预设的行距值即可。下左图所示为设置行距为50点的效果，下右图所示为设置行距为100点的效果。

● **字距微调** ：用于微调两个字符之间的字距。在设置时先要将光标插入到需要进行字距微调的两个字符之间，然后在数值框中输入所需的字距微调数量。输入正值时，字距会增大，如下左图所示；输入负值时，字距会减小，如下右图所示。

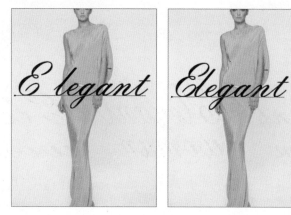

● **字距调整** ：用于设置文字的字符间距。输入负值时，字距会减小，如下左图所示；输入正值时，字距会增大，如下右图所示。

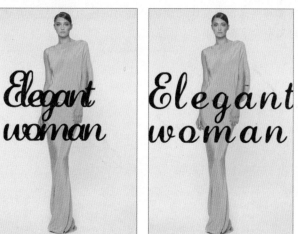

● **比例间距** ：比例间距是按指定的百分比来减小字符周围的空间。因此，字符本身并不会被拉伸或挤压，而是字符之间的距离被拉伸或挤压了。下左图所示的是比例间距为0%时的文字效果，下右图所示的是比例间距为100%时的文字效果。

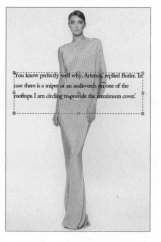

- **垂直缩放** / **水平缩放** ：用于设置文字的垂直或水平缩放比例，以调整文字的高度或宽度。下左图所示的是"垂直缩放"和"水平缩放"均为100%时的文字效果；下中图所示的是"垂直缩放"为150%，"水平缩放"为100%时的文字效果；下右图所示的是"垂直缩放"为100%，"水平缩放"为150%时的文字效果。

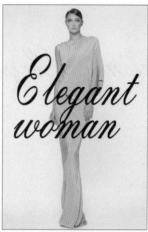

- **基线偏移** ：基线偏移用来设置文字与文字基线之间的距离。输入正值时文字会上移，如下左图所示；输入负值时文字会下移，如下右图所示。

- **文字样式**：设置文字的效果，共有仿粗体、仿斜体、全部大写字母、小型大写字母、上标、下标、下划线和删除线9种。
- **Open Type功能**：分别为标准连字 、上下文替代字 、自由连字 、花饰字 、文体替代字 、标题替代字 、序数字 、分数字 。

6.2.2　段落面板

执行"窗口>段落"命令，即可打开"段落"面板。在"段落"面板中可以对大段文字的对齐方式、缩进、连字选项等进行设置，如右图所示。

中文版Photoshop CC服装设计

- **左对齐文本**▤：文字左对齐，段落右端参差不齐，如下左图所示。
- **居中对齐文本**▤：文字居中对齐，段落两端参差不齐，如下中图所示。
- **右对齐文本**▤：文字右对齐，段落左端参差不齐，如下右图所示。

- **最后一行左对齐**▤：最后一行左对齐，其他行左右两端强制对齐，如下左图所示。
- **最后一行居中对齐**▤：最后一行居中对齐，其他行左右两端强制对齐，如下中图所示。
- **最后一行右对齐**▤：最后一行右对齐，其他行左右两端强制对齐，如下右图所示。

- **全部对齐**▤：在字符间添加额外的间距，使文本左右两端强制对齐，如下左图所示。
- **左缩进**▤：用于设置段落文本向右（横排文字）或向下（竖排文字）的缩进量，下中图所示是设置"左缩进"为6点时的段落效果。
- **右缩进**▤：用于设置段落文本向左（横排文字）或向上（竖排文字）的缩进量，下右图所示是设置"右缩进"为15点时的段落效果。

- **首行缩进** ▣：用于设置段落文本中每个段落的第一行文字向右（横排文字）或第一列文字向下（竖排文字）的缩进量。下左图所示是设置"首行缩进"为50点时的段落效果。
- **段前添加空格** ▣：设置光标所在段落与前一个段落之间的间隔距离。下右图所示是设置"段前添加空格"为10点时的段落效果。

- **段后添加空格** ▣：设置当前段落与另外一个段落之间的间隔距离。下左图所示是设置"段后添加空格"为10点时的段落效果。
- **避头尾法则设置**：不能出现在一行的开头或结尾的字符称为避头尾字符，Photoshop提供了基于标准JIS的宽松和严格的避头尾集，宽松的避头尾设置忽略长元音字符和小平假名字符。选择"JIS宽松"或"JIS严格"选项时，可以防止在一行的开头或结尾出现不能使用的字母。
- **间距组合设置**：间距组合用于设置日语字符、罗马字符、标点和特殊字符在行开头、行结尾和数字的间距文本编排方式。选择"间距组合1"选项，可以对标点使用半角间距；选择"间距组合2"选项，可以对行中除最后一个字符外的大多数字符使用全角间距；选择"间距组合3"选项，可以对行中的大多数字符和最后一个字符使用全角间距；选择"间距组合4"选项，可以对所有字符使用全角间距。
- **连字**：勾选"连字"选项以后，在输入英文单词时，如果段落文本框的宽度不够，英文单词将自动换行，并在单词之间用连字符连接起来，如下右图所示。

6.3 文字的常用操作

　　使用文字工具创建出的文字图层是一个比较特殊的图层，想要更改颜色只能通过更改文字属性，而且也不能对文字的局部进行删除，或对文字使用滤镜。可以将文字图层进行一些转换，从而能够对文字对象进行其他的操作，下面我们来了解一下。

6.3.1　栅格化文字

　　"栅格化文字"命令可以将作为特殊对象的文字图层转换为普通图层。在文字图层上单击鼠标右键，接着在弹出的菜单中选择"栅格化文字"命令，如下左图所示。这样就可以将文字图层转换为普通图层。转换为普通图层后的文字对象就不能够再更改字体、字号等文字特有的属性了，如下右图所示。

6.3.2　将文字图层转换为形状图层

　　文字图层还能够转换为矢量的形状对象。在文字图层上单击鼠标右键，接着在弹出的菜单中选择"转换为形状"命令，如下左图所示，此时文字图层变为了矢量的形状图层，使用钢笔工具组中的工具可以对文字的形态进行更改，如下右图所示。

6.3.3　创建文字的工作路径

　　在文字图层上右击并执行"创建工作路径"命令，即可得到文字的路径。而原始文字图层不会发生任何变化。下左图所示为文字原来的效果，下右图所示为创建工作路径的效果。

当图像中包含有大量文本信息，而这些文本中有一些内容需要批量更换为其他文字时，可以使用"查找和替换文本"命令。选择文本对象，如下左图所示。接着执行"编辑>查找和替换文本"菜单命令，在"查找内容"文本框中输入需要替换的文字，然后在"更改为"文本框中输入要替换成的文字。这时单击"查找下一个"按钮，软件会自动寻找目标内容。单击"更改全部"按钮可以对全部匹配的内容进行修改，如下中图所示。替换效果如下右图所示。

- **更改全部**：若要替换所有要查找的文本内容，可以单击该按钮。
- **搜索所有图层**：勾选该选项以后，可以搜索当前文档中的所有图层。
- **向前**：从文本中的插入点向前搜索。如果关闭该选项，不管文本中的插入点在任何位置，都可以搜索图层中的所有文本。
- **区分大小写**：勾选该选项以后，可以搜索与"查找内容"文本框中的文本大小写完全匹配的一个或多个文本。
- **全字匹配**：勾选该选项以后，可以忽略嵌入在更长文本中的搜索文本。

上机实训：春夏服装流行趋势预测设计

春夏服装流行趋势预测设计的操作步骤介绍如下。

步骤 01 执行"文件>打开"命令，打开素材"1.jpg"，如下图所示。

步骤 02 单击工具箱中的"横排文字工具"，在选项栏中设置"文字样式"、"文字大小"和"文字颜色"，在画面中单击鼠标左键，然后键入文字，如下图所示。

步骤 03 单击工具箱中的"直线工具",在选项栏中设置绘图模式为"形状",这样一种合适的填充颜色,将描边设置为合适的颜色,设置"描边宽度"为5点,在画面中按住Shift键的同时拖曳出一条直线,如下图所示。

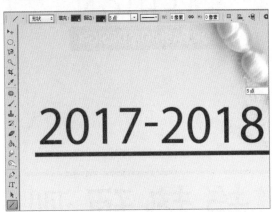

步骤 04 单击使用工具箱中的"直排文字工具",在选项栏中设置"文字样式"为黑体,设置"文字大小"为13点,再选择一种合适的颜色,在画面中单击,键入文字,如下图所示。

步骤 05 接着使用"横排文字工具",在画面中单击鼠标左键,在选项栏中设置"文字样式"、"文字大小"和"文字颜色",然后键入文字,如下图所示。

步骤 06 使用同样的方法键入英文字母,如下图所示。

步骤 07 使用"矩形工具",在选项栏中设置绘图模式为"形状",选择合适的填充颜色,设置描边为无,再设置"描边宽度"为5点,选择一种合适的描边样式,在画面中按住鼠标左键拖曳绘制出一个矩形,如右图所示。

步骤 08 使用"横排文字工具"在矩形上输入文字,如右图所示。

步骤 09 选择文字图层,使用工具箱中的"魔棒工具",在画面中文字以外的部分单击鼠标左键,载入文字以外部分的选区。选择刚刚绘制的矩形所在的图层,在"图层"面板下方单击"添加图层蒙版"按钮,然后将文字所在的图层删除,效果如右图所示。

步骤 10 接着使用"横排文字工具",在画面中单击鼠标左键,在选项栏中设置"文字样式"、"文字大小"和"文字颜色",设置对齐方式为"居中对齐文本",然后键入三行文字,如右图所示。

步骤 11 最终效果如右图所示。

中文版Photoshop CC服装设计

课后练习

1. 选择题

(1) 以下_____光标表示可以创建区域文字。

 A. 🄸   B. 🄸

 C. 🄸   D. ⟷

(2) 若要调整两个字符之间横向的间距，需要通过以下_____选项进行调整。

 A. 字号   B. 字距调整

 C. 对齐方式   D. 基线偏移

(3) 若要调整文字的取向，需要单击选项栏中的_____按钮。

 A. 🄸   B. 🄸

 C. 🄸   D. ✔

2. 填空题

(1) 在文本工具组中有_____、_____、_____和_____4种工具。

(2) 使用_____命令可以将文字图层转换为普通图层。

(3) 执行_____菜单命令，可以将点文字转换为段落文字。

3. 上机题

本上机题要求使用"横排文字工具"在画面中创建段落文字，并配合"字符"面板及"段落"面板调整出合适的正文样式。画面中央的标题部分则采用"直排文字工具"进行制作，并通过选中个别字符，在选项栏中设置为不同的颜色效果。

本章概述

图层、蒙版和通道这三个面板默认情况下就是合并在一起的，但是功能各不相同，"图层"面板不仅用于简单的图层管理，还可对图层进行混合以及为图层添加特殊效果。而蒙版功能主要用于画面的合成。通道功能在服装设计制图中的应用并不多，但还是需要进行一定的了解。

核心知识点

❶ 图层样式的使用方法
❷ 图层蒙版与剪贴蒙版的使用方法
❸ 通道的操作方法

7.1 图层混合与图层样式

图层是Photoshop进行绘图操作的基本元素，在前面的章节中对图层的选择、新建、删除等基础操作进行过讲解，本章主要来了解一下可用于制作特殊效果的图层的"高级"功能：不透明度、混合模式以及图层样式。

7.1.1 图层不透明度

在"图层"面板中可以对背景图层以外的图层进行不透明度的设置。在Photoshop中包含两种透明度设置："不透明度"与"填充"。这两种透明度的设置都是数值越小图层越透明。

选择一个非背景的其他图层，将"不透明度"后的数值设置为50%，如下左图所示。这样，该图层以及图层上的样式等内容均变为半透明的效果，如下右图所示。

与"不透明度"不同的是，通过调整"填充"数值而产生的透明度的效果是用于控制图层的原本内容，而对附加的图层样式效果部分没有影响。例如对带有图层样式的图层进行"填充"数值的设置，如下左图所示。可以看到，图层主体部分变得透明，样式效果却没有发生任何变化，如下右图所示。

7.1.2 图层混合模式

　　设置图层的"混合模式"可以更改图像中多个图层堆叠产生的效果。默认情况下图层是以"正常"的方式堆叠在画面中，位于顶层的图层会遮挡底部的图层，但是如果对顶层图层设置了一定的"混合模式"，则会使顶层图层的像素与底层图层的像素进行混合，从而产生半透明或者色彩改变的效果。选择一个图层，展开"混合模式"列表，在其中可以看到多种混合模式，如下左图所示。下右图所示为图像的原始效果。

- **溶解**：当图层为半透明时，选择该项则可以创建像素点状效果，如下左图所示。
- **变暗**：两个图层中较暗的颜色将作为混合的颜色保留，比混合色亮的像素将被替换，而比混合色暗的像素则保持不变，如下中图所示。
- **正片叠底**：任何颜色与黑色混合产生黑色，任何颜色与白色混合保持不变，如下右图所示。

- **颜色加深**：通过增加上下层图像之间的对比度来使像素变暗，与白色混合后不发生变化，如下左图所示。
- **线性加深**：通过减小亮度使像素变暗，与白色混合不产生变化，如下中图所示。
- **深色**：通过比较两个图像的所有通道的数值的总和，然后显示数值较小的颜色，如下右图所示。

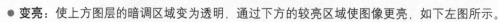

- **变亮**：使上方图层的暗调区域变为透明，通过下方的较亮区域使图像更亮，如下左图所示。
- **滤色**：与黑色混合时颜色保持不变，与白色混合时产生白色，如下中图所示。
- **颜色减淡**：通过减小上下层图像之间的对比度来提亮底层图像的像素，如下右图所示。

- **线性减淡（添加）**：根据每一个颜色通道的颜色信息，加亮所有通道的基色，并通过降低其他颜色的亮度来反映混合颜色，此模式对黑色无效，如下左图所示。
- **浅色**：该项与"深色"的效果相反，此项可根据图像的饱和度，用上方图层中的颜色直接覆盖下方图层中的高光区域颜色，如下中图所示。
- **叠加**：此项的图像最终效果取决于下方图层，上方图层的高光区域和暗调将不变，只是混合了中间调，如下右图所示。

- **柔光**：使颜色变亮或变暗，让图像具有非常柔和的效果，亮于中性灰底的区域将更亮，暗于中性灰底的区域将更暗，如下左图所示。
- **强光**：此项和"柔光"的效果类似，但其效果远远大于"柔光"，适用于为图像增加强光照射效果。如果上层图像比50%灰色亮，则图像变亮；如果上层图像比50%灰色暗，则图像变暗，如下中图所示。
- **亮光**：通过增加或减小对比度来加深或减淡颜色，具体取决于上层图像的颜色。如果上层图像比50%灰色亮，则图像变亮；如果上层图像比50%灰色暗，则图像变暗，如下右图所示。

- **线性光**：通过减小或增加亮度来加深或减淡颜色，具体取决于上层图像的颜色。如果上层图像比50%灰色亮，则图像变亮；如果上层图像比50%灰色暗，则图像变暗，如下左图所示。
- **点光**：根据上层图像的颜色来替换颜色。如果上层图像比50%灰色亮，则替换比较暗的像素；如果上层图像比50%灰色暗，则替换较亮的像素，如下中图所示。
- **实色混合**：将上层图像的RGB通道值添加到底层图像的RGB值。如果上层图像比50%灰色亮，则使底层图像变亮；如果上层图像比50%灰色暗，则使底层图像变暗，如下右图所示。

- **差值**：上方图层的亮区将下方图层的颜色进行反相，暗区则将颜色正常显示出来，效果与原图像是完全相反的颜色，如下左图所示。
- **排除**：创建一种与"差值"模式相似，但对比度更低的混合效果，如下中图所示。
- **减去**：从目标通道中相应的像素上减去源通道中的像素值，如下右图所示。

- **划分**：比较每个通道中的颜色信息，然后从底层图像中划分上层图像，如下左图所示。
- **色相**：用底层图像的明亮度和饱和度以及上层图像的色相来创建结果色，如下中图所示。
- **饱和度**：用底层图像的明亮度和色相以及上层图像的饱和度来创建结果色，在饱和度为0的灰度区域应用该模式不会产生任何变化，如下右图所示。

- **颜色**：用底层图像的明亮度以及上层图像的色相和饱和度来创建结果色。这样可以保留图像中的灰阶，对于为单色图像上色或给彩色图像着色非常有用，如下左图所示。
- **明度**：用底层图像的色相和饱和度以及上层图像的明亮度来创建结果色，如下右图所示。

7.1.3 使用图层样式

"图层样式"是依附于图层内容上产生的带有特殊效果的样式，在Photoshop中可以为图层添加十余种图层样式。下左图所示为未添加图层样式的效果，下右图所示为不同图层样式的展示效果。

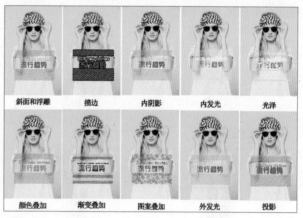

首先来学习一下如何为图层添加图层样式。

01 选择一个图层，如下左图所示。执行"图层>图层样式"命令，在子菜单中可以看到多种图层样式命令，单击某项命令即可打开"图层样式"对话框。在"图层样式"对话框左侧可以看到图层样式列表，在某项样式前单击即可启用该样式。启用的样式名称前面的复选框内有☑标记。单击图层样式的名称，即可打开该样式的设置页面，如下中图所示。在"图层样式"对话框中设置好样式参数以后，单击"确定"按钮即可为图层添加样式，添加了样式的图层的右侧会出现一个 fx 图标，单击向下的小箭头即可展开图层样式堆栈，如下右图所示。

提示 在"图层"面板下单击"添加图层样式"按钮 fx，在弹出的菜单中选择一种样式，也可以为图层添加图层样式。

02 如果想要对已有的图层样式进行编辑，可以在"图层"面板中双击该样式的名称，如下左图所示。之后便会弹出原来设置完成的参数面板，修改参数即可，如下右图所示。

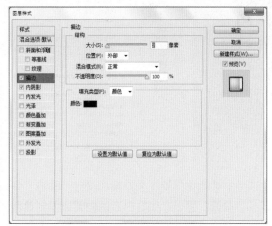

03 如果要删除某个图层中的所有样式，只需在图层名称上单击鼠标右键，在弹出的菜单中选择"清除图层样式"命令，如下左图所示。

04 "栅格化图层样式"命令可以将图层样式的效果应用到该图层的原始内容中。选中图层样式图层，单击鼠标右键，在快捷菜单里选择"栅格化图层样式"命令，如下中图所示。接着该图层就会变为普通图层，如下右图所示。

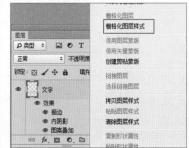

05 图层样式可以进行复制，在想要复制图层样式的图层名称上单击鼠标右键，在弹出的菜单中选择"拷贝图层样式"命令，如下左图所示。接着右击目标图层，执行"粘贴图层样式"命令，该图层样式会被赋予目标图层，如下右图所示。

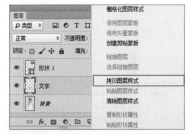
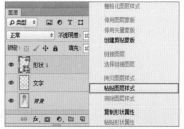

7.1.4 "斜面和浮雕"样式

"斜面和浮雕"样式可以为图层增加高光和阴影，从而营造出立体感的浮雕效果。下左图所示为未添加图层样式的效果。选择图层，执行"图层>图层样式>斜面和浮雕"命令，在弹出对话框中可以对"斜面和浮雕"的结构以及阴影属性进行设置，设置完毕后单击"确定"按钮完成样式的添加，如下中图所示。"斜面和浮雕"样式效果如下右图所示。

143

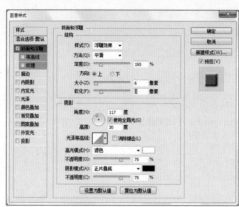

- **样式**：在下拉列表中选择斜面和浮雕的样式。选择"外斜面"可以在图层内容的外侧边缘创建斜面；选择"内斜面"可以在图层内容的内侧边缘创建斜面；选择"浮雕效果"可以使图层内容相对于下层图层产生浮雕状的效果；选择"枕状浮雕"可以模拟图层内容的边缘嵌入到下层图层中产生的效果；选择"描边浮雕"可以将浮雕应用于图层的"描边"样式的边界，如果图层没有"描边"样式，则不会产生效果，如下图所示。

| 外斜面 | 内斜面 | 浮雕效果 | 枕状浮雕 | 描边浮雕 |

- **方法**：用来选择创建浮雕的方法。选择"平滑"，可以得到比较柔和的边缘；选择"雕刻清晰"可以得到最精确的浮雕边缘；选择"雕刻柔和"可以得到中等水平的浮雕效果，如下图所示。

| 平滑 | 雕刻清晰 | 雕刻柔和 |

- **深度**：用来设置浮雕斜面的应用深度，该值越高，浮雕的立体感越强，如下图所示。

- **方向**：用来设置高光和阴影的位置，该选项与光源的角度有关。
- **大小**：该选项表示斜面和浮雕的阴影面积的大小。

● **软化**：用来设置斜面和浮雕的平滑程度。下图所示为不同"软化"时的效果。

● **角度**："角度"选项用来设置光源的发光角度。
● **高度**："高度"选项用来设置光源的高度。
● **使用全局光**：若勾选该选项，那么所有浮雕样式的光照角度都将保持在同一个方向，如下图所示。

● **光泽等高线**：选择不同的等高线样式，可以为斜面和浮雕的表面添加不同的光泽质感，也可以自己编辑等高线样式。
● **消除锯齿**：当设置了光泽等高线时，斜面边缘可能会产生锯齿，勾选该选项可以消除锯齿。
● **高光模式/不透明度**：这两个选项用来设置高光的混合模式和不透明度，后面的色块用于设置高光的颜色。
● **阴影模式/不透明度**：这两个选项用来设置阴影的混合模式和不透明度，后面的色块用于设置阴影的颜色。

　　"斜面和浮雕"样式下面还有两个选项：等高线、纹理。单击"等高线"选项，切换到"等高线"设置面板，如下左图所示。在"等高线"下拉列表中设置了许多预设的等高线样式，可以为斜面和浮雕的表面添加不同的光泽质感，使用"等高线"可以在浮雕中创建凹凸起伏的效果，如下右图所示。

　　单击"纹理"选项，切换到"纹理"设置面板，通过此项设置可以给图形增加纹理质感。其选项的纹理图案就是图案库。可以通过自定义图案或载入下载的图案提供所需的纹理，如下左图所示。下右图所示为被赋予"纹理"图层样式的效果。

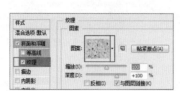

- **图案**：单击"图案"选项右侧的图标，可以在弹出的"图案"拾色器中选择一个图案，并将其应用到斜面和浮雕上。
- **从当前图案创建新的预设**：单击该按钮，可以将当前设置的图案创建为一个新的预设图案，同时新图案会保存在"图案"拾色器中。
- **反相**：反转图案纹理的凹凸方向。
- **与图层链接**：勾选该项以后，可以将图案和图层链接在一起，这样在对图层进行变换等操作时，图案也会跟着一同变换。

7.1.5 "描边"样式

"描边"样式可以为图层添加单色、渐变以及图案的描边效果。选择图层，执行"图层>图层样式>描边"命令，在弹出对话框中可以对"描边"的样式、粗细以及位置进行设置，设置完毕后单击"确定"按钮完成样式的添加，如下左图所示。下右图所示为不同"填充类型"的描边效果。

颜色描边　　　　　　　　渐变描边　　　　　　　　图案描边

7.1.6 "内阴影"样式

"内阴影"样式可以由边缘向内为图像添加阴影，使图像产生内陷效果。选择图层，如下左图所示。接着执行"图层>图层样式>内阴影"命令，在弹出对话框中可以对"内阴影"的结构以及品质进行设置，设置完毕后单击"确定"按钮完成样式的添加，如下中图所示。下右图所示为"内阴影"样式的效果。

"内阴影"与"投影"的参数设置基本相同。"阻塞"选项可以在模糊之前收缩内阴影的边界;"大小"选项与"阻塞"选项是相互关联的,"大小"数值越高,可设置的"阻塞"范围就越大,如下图所示。

7.1.7 "内发光"样式

"内发光"样式可以在图像边缘由外向内产生逐渐衰减的光晕效果。选择图层,如下左图所示。接着执行"图层>图层样式>内发光"命令,在弹出对话框中可以对"内发光"的结构、图素以及品质进行设置,设置完毕后单击"确定"按钮完成样式的添加,如下中图所示。"内发光"效果如下右图所示。

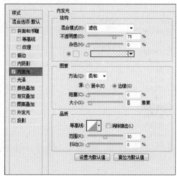

- **杂色**:在发光效果中添加随机的杂色效果,使光晕产生颗粒感。
- **发光颜色**:单击"杂色"选项下面的颜色块,可以设置发光颜色;单击颜色块后面的渐变条,可以在"渐变编辑器"对话框中选择或编辑渐变色。
- **方法**:用来设置发光的方式。选择"柔和"选项,发光效果比较柔和;选择"精确"选项,可以得到精确的发光边缘。
- **源**:控制光源的位置。
- **阻塞**:用来在模糊之前收缩发光的杂边边界。
- **大小**:用来设置光晕范围的大小。
- **等高线**:用来控制发光的形状。
- **范围**:控制发光中作为等高线目标的部分和范围。
- **抖动**:改变渐变的颜色和不透明度的应用。

7.1.8 "光泽"样式

"光泽"样式可以为图像模拟一种带有反射光泽的质感效果,常用来模拟水晶、金属等带有反光效果的材质。选择图层,如下左图所示。接着执行"图层>图层样式>光泽"命令,在弹出对话框中可以对"光泽"的颜色、混合模式、不透明度、角度、距离、大小等参数进行设置,设置完毕后单击"确定"按钮完成样式的添加,如下中图所示。"光泽"样式如下右图所示。

7.1.9 "颜色叠加"样式

　　"颜色叠加"样式能够以不同的混合模式以及不透明度为图像进行着色。选择图层，如下左图所示。接着执行"图层>图层样式>颜色叠加"命令，在弹出对话框中可以对"颜色叠加"的颜色、混合模式、不透明度进行设置，设置完毕后单击"确定"按钮完成样式的添加，如下中图所示。下右图所示为"颜色叠加"样式效果。

7.1.10 "渐变叠加"样式

　　"渐变叠加"样式能够以不同的混合模式以及不透明度使图像表面附着渐变效果。选择图层，如下左图所示。接着执行"图层>图层样式>渐变叠加"命令，在弹出对话框中可以对"渐变叠加"的渐变颜色、混合模式、不透明度进行设置，设置完毕后单击"确定"按钮完成样式的添加，如下中图所示。"渐变叠加"图层样式效果如下右图所示。

7.1.11 "图案叠加"样式

　　"图案叠加"样式可以在图像上以各种混合模式和不透明度进行图案的叠加。选择图层，如下左图所示。接着执行"图层>图层样式>图案叠加"命令，在弹出对话框中可以对"图案叠加"的图案类型、混合模式、不透明度进行设置，设置完毕后单击"确定"按钮完成样式的添加，如下中图所示。"图案叠加"样式效果如下右图所示。

7.1.12 "外发光"样式

"外发光"样式可以为图像由边缘向外添加发光效果。选择图层，如下左图所示。接着执行"图层>图层样式>外发光"命令，在弹出对话框中可以对"外发光"的结构、图素以及品质进行设置，设置完毕后单击"确定"按钮完成样式的添加，如下中图所示。下右图所示为"外发光"样式效果。

 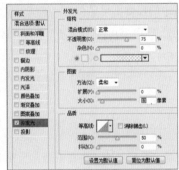 

- 混合模式/不透明度："混合模式"选项用来设置发光效果与下面图层的混合方式；"不透明度"选项用来设置发光效果的不透明度。
- 杂色：在发光效果中添加随机的杂色效果，使光晕产生颗粒感。
- 发光颜色：单击"杂色"选项下面的颜色块，可以设置发光颜色；单击颜色块后面的渐变条，可以在"渐变编辑器"对话框中选择或编辑渐变色。
- 方法：用来设置发光的方式。选择"柔和"选项，发光效果比较柔和；选择"精确"选项，可以得到精确的发光边缘。
- 扩展：用来设置发光范围的大小。
- 大小：用来设置光晕范围的大小。

7.1.13 "投影"样式

"投影"样式可以在图像后方添加阴影的效果。选择图层，如下左图所示。接着执行"图层>图层样式>投影"命令，在弹出对话框中可以对"投影"的结构以及品质进行设置，设置完毕后单击"确定"按钮完成样式的添加，如下中图所示。下右图所示为"投影"图层样式效果。

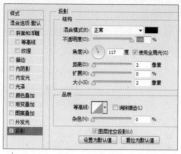

- **混合模式**：用来设置投影与下面图层的混合方式，默认设置为"正片叠底"模式。
- **阴影颜色**：单击"混合模式"选项右侧的颜色块，可以设置阴影的颜色。一般为黑色。
- **不透明度**：设置投影的不透明度。数值越低，投影越淡。
- **角度**：用来设置投影应用于图层时的光照角度，指针方向为光源方向，相反方向为投影方向。
- **使用全局光**：当勾选该选项时，可以保持所有光照的角度一致；关闭该选项时，可以为不同的图层分别设置光照角度。
- **距离**：用来设置投影偏移图层内容的距离。
- **大小**："大小"选项用来设置投影的模糊范围，该值越高，模糊范围越广，反之投影越清晰。
- **扩展**：用来设置投影的扩展范围。注意，该值会受到"大小"选项的影响。
- **图层挖空投影**：用来控制半透明图层中投影的可见性。勾选该选项后，如果当前图层的"填充"数值小于100%，则半透明图层中的投影不可见。

提示 执行"窗口>样式"菜单命令，可打开"样式"面板。在"样式"面板中包含多种内置的样式，只需要选中图层，在"样式"面板中单击某一种样式即可为图层添加样式。默认情况下显示的样式虽然不多，但可以通过在"样式"面板扩展菜单中选择需要添加的样式名称，将其载入到软件中。除此之外，还可以导入外挂的样式库素材进行使用。

7.2 蒙版

在Photoshop中包含4种形式的蒙版：图层蒙版、矢量蒙版、剪贴蒙版、快速蒙版。

7.2.1 图层蒙版

"图层蒙版"是一种利用黑白色控制图层显示和隐藏的工具，在图层蒙版中黑色的区域表示透明，白色区域表示不透明，灰色区域则表示半透明。选择图层，单击"图层"面板底部的"添加图层蒙版"按钮 即可为该图层添加图层蒙版。此时的蒙版为白色，如下左图所示。添加蒙版后，此时图像是没有任何变化的。

提示 如果当前图像中存在选区，则选中某图层，并单击"图层"面板下的"添加图层蒙版"按钮 后，可以基于当前选区为任何图层添加图层蒙版，选区以外的图像将被蒙版隐藏。

单击选中图层蒙版，接着使用"画笔工具"，在蒙版中使用黑色画笔进行涂抹。在蒙版中被涂抹黑色的区域将变为透明效果。利用图层蒙版的这种特性，可以将该图层要隐藏的部分在图层蒙版中涂成黑色，显示的部分涂成白色。这样，在原图的内容不会被破坏的情况下就可以进行抠图合成的操作，如下左图所示。此时画面效果如下右图所示。

- **停用与删除图层蒙版**：在创建图层蒙版后，可以控制图层蒙版的显示与停用来观察使用图像的对比效果。停用后的图层蒙版仍然存在，只是暂时失去图层蒙版的作用。在图层蒙版缩略图上单击鼠标右键，选择"停用图层蒙版"命令即可停用图层蒙版。如果要重新启用图层蒙版，可以在蒙版缩略图上单击鼠标右键，然后在弹出的菜单中选择"启用图层蒙版"命令。
- **删除图层蒙版**：在蒙版缩略图上单击鼠标右键，然后在弹出的菜单中选择"删除图层蒙版"命令。
- **移动图层蒙版**：在要转移的图层蒙版缩略图上按住鼠标左键并将蒙版拖曳到其他图层上，即可将该图层的蒙版转移到其他图层上。
- **应用图层蒙版**：应用图层蒙版是指将图层蒙版效果应用到当前图层中，也就是说图层蒙版中黑色的区域将会被删除，白色区域将会保留下来，并且删除图层蒙版。在图层蒙版缩略图上单击鼠标右键，在弹出的菜单中选择"应用图层蒙版"命令，即可应用图层蒙版。需要注意的是，应用图层蒙版后，不能再还原图层蒙版。

7.2.2　矢量蒙版

"矢量蒙版"是通过矢量路径来控制图层的显示与隐藏，矢量路径内的图像显示，路径以外的部分隐藏。选择图层，使用矢量工具绘制一条路径，如下左图所示。然后执行"图层>矢量蒙版>当前路径"菜单命令，即可为该图层添加矢量蒙版，路径以内的部分显示，路径以外的部分被隐藏，如下中图所示。此时的矢量蒙版如下右图所示。

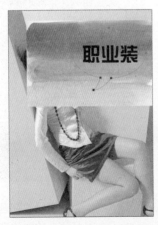  

提示 当图像中包含路径时，按住Ctrl键在"图层"面板下单击"添加图层蒙版"按钮◻，也可以为图层添加矢量蒙版。

选中已有的矢量蒙版，使用钢笔工具、形状工具等矢量工具，可以对矢量蒙版中的矢量路径进行形状的调整或者添加，如下左图所示。图像效果如下右图所示。

- **删除矢量蒙版**：在蒙版缩略图上单击鼠标右键，然后在弹出的菜单中选择"删除矢量蒙版"命令即可删除矢量蒙版。
- **栅格化矢量蒙版**：在Photoshop中可以将矢量蒙版转换为图层蒙版，这个过程就是栅格化。将矢量蒙版转换为图层蒙版，只需在蒙版缩略图上单击鼠标右键，然后在弹出的菜单中选择"栅格化矢量蒙版"命令。栅格化矢量蒙版以后，蒙版就会转换为图层蒙版。
- **链接矢量蒙版**：图层与矢量蒙版在默认情况下是链接在一起的（链接处有一个图标）。这样可以保证当对图层执行移动或变换时，矢量蒙版会随之移动或变换。如果要取消链接，可以单击图标。需要恢复链接时，只需再次单击链接图标即可。

7.2.3 剪贴蒙版

"剪贴蒙版"由这两个部分组成：位于底部用于控制显示范围的"基底图层"，位于上方用于控制显示内容的"内容图层"。"剪贴蒙版"就是通过使用处于下方图层的形状来限制上方图层的显示状态。基底图层只有一个，它决定了位于其上面的图像的显示范围。如果对基底图层进行移动、变换等操作，那么上面的图像也会随之受到影响。内容图层可以是一个或多个。对内容图层的操作不会影响基底图层，但是对其进行移动、变换等操作时，其显示范围也会随之而改变，如下左图所示。下中图所示为剪贴蒙版的示意图。下右图所示为剪贴蒙版效果。

在"图层"面板中创建一个基底图层和一个内容图层。基底图层位于下方，内容图层放在基底图层上方。在"内容图层"上单击鼠标右键并执行"创建剪贴蒙版"命令，如下左图所示。此时内容图层只显示出基底图层范围内的图像，如下右图所示。

如果想要使内容图层不再受下面形状图层的限制，可以选择剪贴蒙版组中的图层，然后单击鼠标右键并执行"释放剪贴蒙版"命令。

7.2.4 快速蒙版

"快速蒙版"是一种以绘图的方式创建选区的功能。单击工具箱底部的"以快速蒙版模式编辑"按钮 ⬚，即可进入快速蒙版编辑模式。进入快速蒙版编辑模式以后，可以使用"画笔工具"在图像上进行绘制，被绘制的区域将以半透明的红色蒙版覆盖起来，这部分区域为选区以外，如下左图所示。再次单击"以标准模式编辑"按钮退出快速蒙版编辑模式，可以得到需要的选区，如下右图所示。

提示 在快速蒙版模式下，不仅可以使用各种绘制工具，还可以使用滤镜对快速蒙版进行处理。

7.3 通道

执行"窗口>通道"命令，即可打开"通道"面板。"通道"面板是通道的管理器，在"通道"面板中可以对通道进行创建、存储、编辑和管理等操作。

7.3.1 "通道"面板

在"通道"面板中能够看到Photoshop自动为当前图像创建的颜色信息通道。颜色通道是构成画面的基本元素，每种通道代表一种颜色，而这种颜色的显示区域则由该通道的黑白关系控制。在"通道"面板中列出了当前图像中的所有通道，位于最上面的是复合通道，通道名的左侧显示了通道的内容，如下图所示。

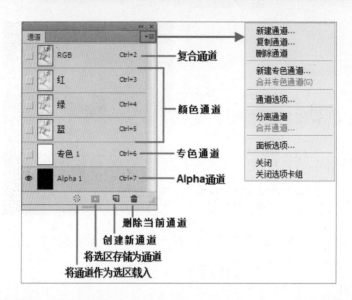

- **复合通道**：该通道用来记录图像的所有颜色信息。
- **颜色通道**：这4个通道都是用来记录图像颜色信息的。不同颜色模式的图像，在"通道"面板中显示的通道数量也不同。
- **Alpha通道**：用来保存选区和灰度图像的通道。
- **将通道作为选区载入**：单击该按钮。可以载入所选通道图像的选区。
- **将选区存储为通道**：如果图像中有选区，单击该按钮，可以将选区中的内容存储到通道中。
- **创建新通道**：单击该按钮，可以新建一个Alpha通道。
- **删除当前通道**：将通道拖曳到该按钮上，可以删除选择的通道。

7.3.2 Alpha通道的应用

其实在Photoshop中还有另外一种通道：Alpha通道。Alpha通道可以说是一种用于存储和编辑选区的通道。首先在画面中绘制选区，如右侧的左图所示。然后单击"通道"面板底部的"将选区存储为通道"按钮，即可将该选区作为Alpha通道保存在"通道"面板中。选择Alpha通道后单击"将通道作为选区载入"按钮，可以载入所选通道图像的选区，如右侧的右图所示。

在Photoshop的"通道"面板中，单击"创建新通道"按钮，如右侧的左图所示，即可新建一个Alpha通道。单击新建的Alpha通道，接着在通道中可以进行黑白图像的绘制，在Alpha通道中绘制的白色区域为选区内部的区域，黑色部分为选区以外的部分，如右侧的右图所示。

知识延伸：Alpha通道与抠图

　　"通道抠图"是一种非常实用的抠图技法，常用于长发、动物、云朵、婚纱等边缘细碎或带有半透明属性图像的抠图操作中。通道抠图是利用通道的灰度图像可以与选区相互转换的特性，制作出精细的选区，从而实现抠图的目的。

　　01 想要进行通道抠图，首先隐藏其他图层，下左图所示为需要抠图的图层。执行"窗口>通道"命令，打开"通道"面板，如下右图所示。

　　02 逐一观察并选择主体物与背景黑白对比最强烈的通道，将所选通道拖曳到 按钮上，效果如下左图所示。利用调整命令来增强复制出的通道的黑白对比，使选区与背景区分开来，如下右图所示。

　　03 调整完毕后，选中该通道载入复制出的通道选区，如下左图所示。以选区为图层添加图层蒙版，选区以外的内容被隐藏，抠图完成，如下右图所示。

上机实训：使用图层以及蒙版制作女士棉服

使用图层以及蒙版制作女士棉服的操作步骤介绍如下。

步骤 01 执行"文件 > 打开"命令，打开素材"3.jpg"，如下图所示。

步骤 02 首先绘制棉服的右前片。单击工具箱中的"钢笔工具" ，在选项栏中设置绘制模式为"形状"，设置"填充"为白色、"描边"为黑色、"描边宽度"为2点、"描边类型"为"直线"，绘制出右前片，如下图所示。

步骤 03 制作棉服右前片衣褶。单击工具箱中的"自由钢笔工具" ，在选项栏中设置绘制模式为"形状"，设置"填充"为无色、"描边"为黑色、"描边宽度"为1点、"描边类型"为直线，按住鼠标左键绘制出衣褶部分，效果如下图所示。

步骤 04 使用同样的方法绘制其他的衣褶，如下图所示。

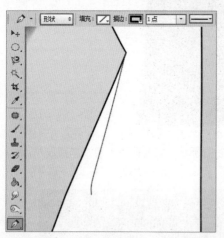

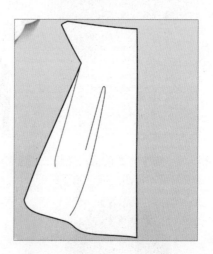

步骤 05 将制作的右前片的图层全部选中，按快捷键Ctrl+G进行编组操作，命名为"前片-右"组。按快捷键Ctrl+J，复制出"前片-左"组，并将"前片-左"组放在"前片-右"组下面，执行"编辑 > 变换 > 水平翻转"命令，然后将左前片摆放在合适位置，如下图所示。

步骤 06 使用"钢笔工具" 绘制衣服上前片和下前片之间的分界线，如下图所示。

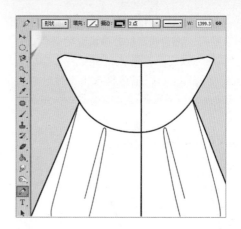

步骤 07 绘制棉服前片上的缉明线。单击工具箱中的"自由钢笔工具" ，在选项栏中设置绘制模式为"形状"，设置"填充"为无色、"描边"为黑色、"描边宽度"为1点，在描边样式中选择一种合适的虚线描边样式，绘制出前片上的缉明线，如下图所示。

步骤 08 使用相同的方法继续绘制前片上的缉明线，效果如下图所示。

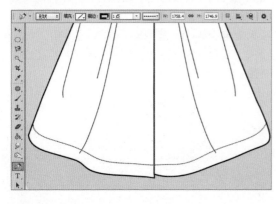

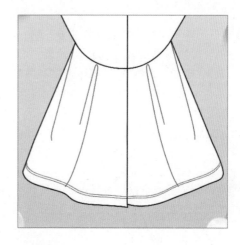

步骤 09 单击工具箱中的"钢笔工具" ，在选项栏中设置绘制模式为"形状"，设置"填充"为白色、"描边"为黑色、"描边宽度"为2点、"描边类型"为"直线"，绘制出右衣袖轮廓，如下图所示。

步骤 10 使用同样的方法绘制出右袖口，如下图所示。

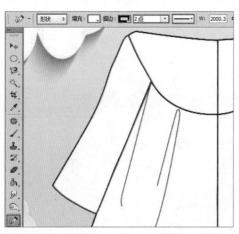

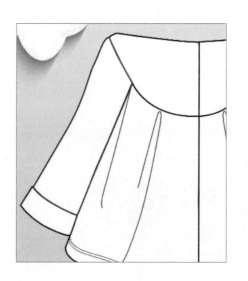

步骤 11 绘制右衣袖上的缉明线。单击工具箱中的"自由钢笔工具" ，在选项栏中设置绘制模式为"形状"，设置"填充"为无色、"描边"为黑色、"描边宽度"为1点， 在描边样式中选择一种虚线描边样式，绘制出右衣袖上的缉明线，如下图所示。

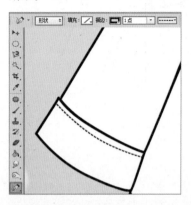

步骤 13 单击工具箱中的"自由钢笔工具" ，在选项栏中设置绘制模式为"形状"，设置"填充"为无色、"描边"为黑色、"描边宽度"为1点、"描边类型"为直线，按住鼠标左键绘制出衣褶部分，如下图所示。

步骤 15 下面为棉衣添加面料图案。将素材"1.jpg"置入到画面中，使用"自由变换"命令调整素材的显示比例，并摆放在合适位置上，再在"图层"面板中设置图层的混合模式为"正片叠底"，如下图所示。

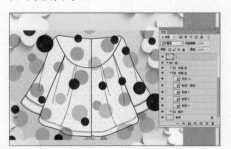

步骤 12 使用相同的方法继续绘制右衣袖上的缉明线，效果如下图所示。

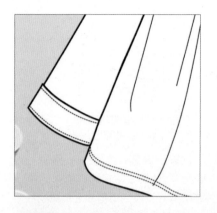

步骤 14 将制作的右衣袖的图层全部选中，按快捷键Ctrl+G进行编组操作，命名为"衣袖-右"组。按快捷键Ctrl+J，复制出"衣袖-左"组，执行"编辑>变换>水平翻转"命令，将左衣袖摆放在合适位置，如下图所示。

步骤 16 接着在刚刚置入素材的图层上单击鼠标右键，执行"创建剪贴蒙版"命令，此时素材只显示出棉衣区域内的部分，如下图所示。

步骤 17 下面为服装添加毛领部分。单击工具箱中的"自由钢笔工具" ，在选项栏中设置绘制模式为"形状"，设置"填充"为白色、"描边"为黑色、"描边宽度"为2点、"描边类型"为直线，按住鼠标左键绘制出右毛领部分，如下图所示。

步骤 18 使用同样的方法绘制出完整的毛领，效果如下图所示。

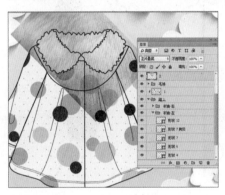

步骤 19 执行"文件>置入"命令，将素材"2.jpg"置入到画面中，使用"自由变换"命令调整素材的显示比例，并摆放在合适位置上，在"图层"面板中设置图层的混合模式为"正片叠底"，如下图所示。

步骤 20 接着在刚刚置入素材的图层上单击鼠标右键，执行"创建剪贴蒙版"命令，此时素材只显示出毛领区域内的部分，如下图所示。

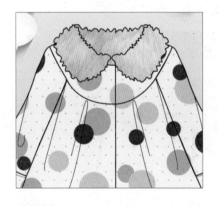

步骤 21 调节毛领的颜色。执行"图层>新建调整图层>曲线"命令，调节曲线形态，单击"属性"面板中的"此调整剪切到此图层"按钮，如下图所示。

步骤 22 调节完成后的效果如下图所示。

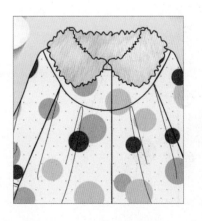

步骤23 单击工具箱中的"椭圆工具" ，在选项栏中设置绘制模式为"形状"，单击"填充"渐变色块设置渐变色，在第一个色标处添加紫色，在第二个色标处添加白色。设置"描边"为黑色、"描边大小"为2点、"描边类型"为"直线"，在画面中绘制出扣子，如下图所示。

步骤24 将扣子图层多次复制，放置在合适位置，如下图所示。

步骤25 使用上述方法绘制出蝴蝶结的右半部，如下图所示。

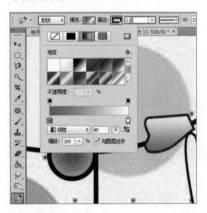

步骤26 使用同样的方法绘制出完整的蝴蝶结，如下图所示。

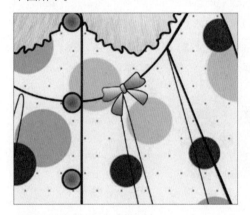

步骤27 将制作的蝴蝶结的图层全部选中，按快捷键Ctrl+G进行编组操作，命名为"蝴蝶结"组。按快捷键Ctrl+J复制"蝴蝶结"组，执行"编辑>变换>水平翻转"命令，然后将蝴蝶结摆放在合适位置，如下图所示。

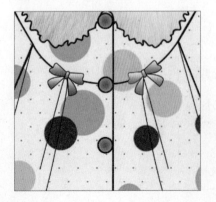

步骤28 至此，女士棉服制作完毕，其整体效果如下图所示。

课后练习

1. 选择题

(1) 在"通道"面板中，以下_____按钮可以将通道作为选区进行载入。

A. 🔘 　　　　　　　　　　　　　　B. 🔲

C. 🔳 　　　　　　　　　　　　　　D. 🗑

(2) 若要为图层添加图案进行装饰，可以使用以下_____图层样式。

A. 内发光　　　　　　　　　　　　B. 颜色叠加

C. 渐变叠加　　　　　　　　　　　D. 图案叠加

(3) 在一个带有图层样式的图层中，若要制作图层的半透明效果，而又不想影响图层样式的效果，应通过_____选项进行设置。

A. "不透明度"选项　　　　　　　　B. "填充"选项

C. "透明度"选项　　　　　　　　　D. "类型"选项

2. 填空题

(1) _____样式可以为图像增加高光和阴影，从而营造出立体感的浮雕效果。

(2) 在Photoshop中包含4种形式的蒙版，分别是_____、_____、_____、_____。

(3) 在图层蒙版中黑色的区域代表_____，白色区域代表_____，灰色区域则代表_____。

3. 上机题

本上机题要求使用钢笔工具绘制服装的基本轮廓，然后置入花纹的面料素材，再借助"剪贴蒙版"功能将面料赋到服装上，制作出女士印花短外套。

Chapter 08 滤镜的应用

本章概述

Photoshop中的滤镜大致分为三种：特殊滤镜、滤镜组以及外挂滤镜。其中特殊滤镜主要包括滤镜库、自适应广角、镜头校正、液化、油画及消失点；滤镜组位于"滤镜"菜单的下半部分；外挂滤镜是由第三方开发商开发的增效工具，安装后外挂滤镜会位于"滤镜"菜单的底部。

核心知识点

① 滤镜库的使用方法
② 液化滤镜的使用方法
③ 掌握模糊、锐化等滤镜组的使用方法

8.1 特殊滤镜

单击菜单栏中的"滤镜"菜单，在展开菜单的上半部分可看到多种比较"特殊"的滤镜，如下图所示。它们都是独立滤镜，选择某一项特殊滤镜命令即可弹出具有独立操作界面及工具的滤镜设置对话框。

8.1.1 滤镜库

执行"滤镜>滤镜库"命令，即可打开滤镜库对话框，滤镜库中包含多个滤镜组，而每个滤镜组中又包含多个滤镜。

滤镜库中共包含6组滤镜，单击滤镜组前面的▶图标，可以展开该滤镜组。首先在滤镜库对话框中间区域的滤镜列表中选择一个滤镜组，单击即可展开；在展开的滤镜组中可以看到多种带有滤镜效果的图标，单击某个图标即可为当前画面应用滤镜效果；在右侧可以适当调节参数；调整完成后单击"确定"按钮结束操作，如下图所示。

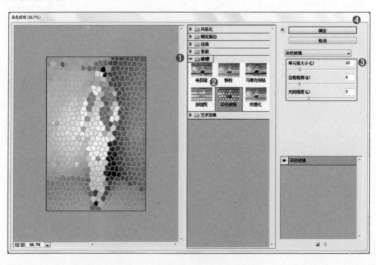

如果想要为图片添加多个滤镜效果，可以单击"新建效果图层"按钮，新建一个效果图层，然后选择另一个滤镜，如下左图所示。设置完成后单击"确定"按钮，可以看到画面中产生了多种滤镜的效果。如下右图所示。

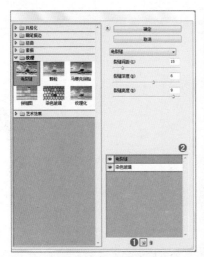

> **提示** 选择一个效果图层后单击"删除效果图层"按钮 🗑，可以将其删除。单击眼睛图标 👁 可以隐藏滤镜效果，之后再单击则可重新显示滤镜效果。

8.1.2 自适应广角

"自适应广角"滤镜可以将图像模拟出鱼眼摄影、广角摄影等特殊效果。打开一张图片，如下左图所示。接着执行"滤镜>自适应广角"命令，打开"自适应广角"对话框。设置"校正"为"鱼眼"，设置"缩放"为35%、"焦距"为19.30毫米、"裁剪因子"为1.2，如下中图所示。设置完成后单击"确定"按钮，图片效果如下右图所示。

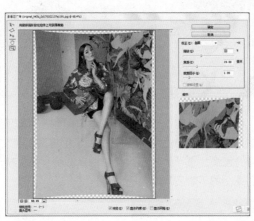

- ▶️ **约束工具**：单击图像或拖动端点可添加或编辑约束。按住Shift键单击可添加水平/垂直约束。按住Alt键单击可删除约束。
- ◇ **多边形约束工具**：单击图像或拖动端点可添加或编辑多边形约束。单击初始起点可结束约束。按住Alt键单击可删除约束。
- ▶ **移动工具**：拖动以在画布中移动内容。
- ✋ **抓手工具**：放大窗口的显示比例后，可以使用该工具移动画面。
- 🔍 **缩放工具**：单击即可放大窗口的显示比例，按住Alt键单击即可缩小显示比例。

8.1.3 镜头校正

"镜头校正"滤镜可用于校正相机拍摄时造成的色差、晕影、镜头变形等问题。在下左图中，可以看到图片效果倾斜。因此执行"滤镜>镜头校正"菜单命令，打开"镜头校正"对话框，接着单击"拉直工具" ，然后在需要校正的位置按住鼠标左键拖曳，校正完毕后单击"确定"按钮，如下中图所示。校正后画面效果如下右图所示。

- **移去扭曲工具**：该工具可以校正镜头桶形失真或枕形失真。
- **拉直工具**：绘制一条直线，以将图像拉直到新的横轴或纵轴。
- **移动网格工具**：该工具可以移动网格，以将其与图像对齐。
- **移去扭曲**："移去扭曲"选项主要用来校正镜头桶形失真或枕形失真。数值为负值时，图像将向外扭曲，如下左图所示；数值为正值时，图像将向中心扭曲，如下右图所示。

- **色差**：用于校正色偏。在进行校正时，放大预览窗口的图像，可以清楚地查看色偏校正情况。
- **晕影**：晕影是指图像的四周出现的黑色压边效果，属于拍摄时的常见问题。"数量"选项用于设置沿图像边缘变亮或变暗的程度。当"数量"为负数时晕影位置会变暗，如下左图所示；当"数量"为正数时晕影位置会变亮，如下右图所示。

- **中点**：中点选项用来指定受"数量"数值影响的区域的宽度。
- **垂直透视**："垂直透视"用于校正由于相机向上或向下倾斜而导致的图像透视问题。当设置"垂直透视"为-100时，可将其变换为俯视效果；设置"垂直透视"为100时，可将其变换为仰视效果。
- **水平透视**："水平透视"选项用于校正图像在水平方向上的透视效果。
- **角度**："角度"选项用于旋转图像，以针对相机歪斜加以校正。
- **比例**："比例"选项用来控制镜头校正的比例。

8.1.4 液化

"液化"滤镜可以通过"向前变形"、"平滑"、"顺时针旋转"、"褶皱"、"膨胀"、"左推"等操作使画面产生变形效果，常用于对人物进行瘦身。

打开需要瘦身的图片，执行"滤镜>液化"命令，打开"液化"对话框。首先勾选"高级模式"选项，接着单击"向前变形工具" ，在对话框右侧的"工具选项"中设置合适的"画笔大小"和"画笔压力"，然后在需要瘦身的位置按住鼠标左键拖曳进行液化，如下左图所示。继续使用"向前变形工具"对人物进行瘦身，如下右图所示。调整完成后，单击"确定"按钮。

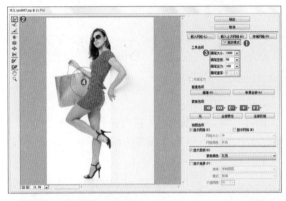

- **向前变形工具**：在图像上按住鼠标左键并拖动，即可向前推动像素。
- **重建工具**：用于恢复变形的图像，类似于撤销操作。在变形区域单击或拖曳鼠标进行涂抹，可以使变形区域的图像恢复到原来的效果。
- **平滑工具**：在图像上按住鼠标左键拖动可平滑画面效果。
- **顺时针旋转扭曲工具**：按住鼠标左键拖动可以顺时针旋转像素，如下左图所示；如果按住Alt键进行操作则可以逆时针旋转像素，如下中图所示。
- **褶皱工具**：按住鼠标左键可以使像素向画笔区域的中心移动，使图像产生内缩效果，如下右图所示。

- **膨胀工具**：按住鼠标左键可以使像素向画笔区域中心以外的方向移动，使图像产生向外膨胀的效果，如下图❶所示。
- **左推工具**：按住鼠标左键并向上拖曳可以使像素向左移动，如下图❷所示；按住鼠标左键并向下拖曳时像素会向右移动，如下图❸所示。
- **冻结蒙版工具**：使用该工具在画面中按住鼠标左键拖动进行涂抹，被涂抹的区域会覆盖上半透明的红色蒙版，这个区域不会受到工具变形的影响。如下图❹所示。
- **解冻蒙版工具**：使用该工具在冻结区域涂抹，可以将其解冻。

8.1.5 油画

　　"油画"滤镜可以为图像模拟出油画效果。打开一张图片，如下左图所示。接着执行"滤镜>油画"命令，打开"油画"对话框，在该对话框中设置"画笔"和"光照"选项，设置完成后单击"确定"按钮，如下中图所示。油画效果如下右图所示。

- **描边样式**：通过调整参数调整笔触样式。
- **描边清洁度**：通过调整参数设置纹理的柔化程度。
- **缩放**：设置纹理缩放程度。
- **硬毛刷细节**：设置画笔细节程度，数值越大毛刷纹理越清晰。
- **角方向**：设置光线的照射方向。

8.1.6 消失点

　　"消失点"滤镜允许在包含透视平面（例如，建筑物侧面或者任何矩形对象）的图像中进行透视校正编辑。通过使用消失点，可以在图像中指定平面，然后应用绘画、仿制、拷贝或粘贴以及变换等编辑操作。

01 接下来为床单添加图案，如下左图所示。打开花纹素材，使用快捷键Ctrl+C将花纹进行复制，如下右图所示。

02 接着选择床单所在的文件，执行"滤镜>消失点"命令，打开"消失点"对话框，然后单击"创建平面工具" ，在床单上拖曳进行绘制，如下左图所示。接着单击"选框工具" ，然后在框内绘制选区，如下右图所示。

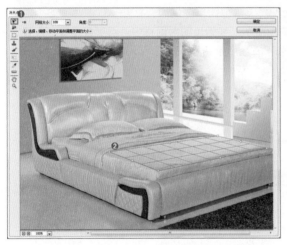 

03 接着使用快捷键Ctrl+V进行粘贴，然后将花纹的"不透明度"设置为50%，如下左图所示。接着将花纹向选区内拖曳，此时可以看到图案自动与透视选区相适应，如下右图所示。设置完成后单击"确定"按钮。

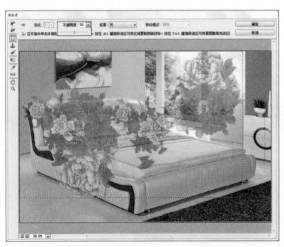 

- ◆ 🔳**编辑平面工具**：用于选择、编辑、移动平面的节点以及调整平面的大小。
- ◆ 🔳**创建平面工具**：确定透视平面的4个角节点。确定4个角节点以后，可以使用该工具对节点进行移动、缩放等操作。如果按住Ctrl键拖曳边节点，可以拉出一个垂直平面。
- ◆ 🔳**选框工具**：使用该工具可以在创建好的透视平面上绘制选区，以选中平面上的某个区域。建立选区以后，将光标放置在选区内，按住Alt键拖曳选区，可以复制图像。如果按住Ctrl键拖曳选区，则可以用源图像填充该区域。
- ◆ 🔳**图章工具**：按住Alt键在透视平面内单击，可以设置取样点。然后在其他区域拖曳鼠标即可进行仿制操作。
- ◆ 🔳**画笔工具**：该工具主要用来在透视平面上绘制选定的颜色。
- ◆ 🔳**变换工具**：该工具主要用来变换选区，其作用相当于"编辑>自由变换"菜单命令。
- ◆ 🔳**吸管工具**：可以使用该工具在图像上拾取颜色，以用作"画笔工具"的绘画颜色。
- ◆ 🔳**测量工具**：使用该工具可以在透视平面中测量项目的距离和角度。

8.2　认识滤镜组

　　单击菜单栏中的"滤镜"菜单，在展开菜单的下半部分可以看到多个滤镜组。选择某一个滤镜组命令，可以在子菜单中看到其包含的滤镜，这些滤镜的使用方法很简单。例如，打开一张图片，如下左图所示。接着执行"滤镜>风格化>拼贴"命令，如下中图所示。在弹出的对话框中进行参数设置，设置完成后单击"确定"按钮，滤镜效果被应用到图像上，如下右图所示。

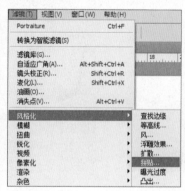

8.2.1　风格化

　　执行"滤镜>风格化"命令，可以看到其子菜单中包括"查找边缘"、"等高线"、"风"、"浮雕效果"、"扩散"、"拼贴"、"曝光过度"、"凸出"8种滤镜，如下左图所示。这些滤镜可以通过置换图像的像素以及增加图像的对比度来产生不同的作品风格效果。下右图所示为一张图片的原始效果。

- **查找边缘**：该滤镜可以自动识别图像像素对比度变换强烈的边界，并在查找到的图像边缘勾勒出轮廓线，同时硬边会变成线条，柔边会变粗，从而形成一个清晰的轮廓。其效果如下左图所示。
- **等高线**：该滤镜用于自动识别图像亮部区域和暗部区域的边界，并用颜色较浅较细的线条勾勒出来，使其产生线稿的效果，如下右图所示。

- **风**：通过移动像素位置，产生一些细小的水平线条来模拟风吹效果，如下左图所示。
- **浮雕效果**：该滤镜可以将图像的底色转换为灰色，使图像的边缘突出来生成在木板或石板上凹陷或凸起的浮雕效果，如下中图所示。
- **扩散**：该滤镜可以分散图像边缘的像素，让图像形成一种类似于透过磨砂玻璃观察物体时的模糊效果，如下右图所示。

- **拼贴**：该滤镜可以将图像分解为一系列块状，并使其偏离其原来的位置，以产生不规则拼砖的图像效果，如下左图所示。
- **曝光过度**：该滤镜可混合负片和正片图像，类似于将摄影照片短暂曝光的效果，如下中图所示。
- **凸出**：该滤镜可以使图像生成具有凸出感的块状或者锥状的立体效果。使用此滤镜，可以轻松为图像构建3D效果，如下右图所示。

8.2.2 模糊

　　执行"滤镜>模糊"命令，可以看到其子菜单中包括"场景模糊"、"光圈模糊"、"移轴模糊"、"表面模糊"、"动感模糊"、"方块模糊"、"高斯模糊"、"进一步模糊"、"径向模糊"、"镜头模糊"、"模糊"、"平均"、"特殊模糊"、"形状模糊"14种滤镜，如下左图所示。这些滤镜可以对图像边缘进行模糊柔化或晃动虚化的处理。下右图所示为一张图片的原始效果。

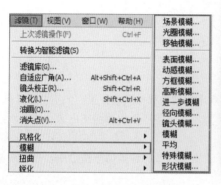

- **场景模糊**：使用"场景模糊"滤镜可以固定多个点，从这些点向外进行模糊。执行"滤镜>模糊>场景模糊"命令，在画面中单击创建多个"图钉"，然后选中每个图钉并通过调整模糊数值即可使画面产生渐变的模糊效果，如下左图所示。
- **光圈模糊**："光圈模糊"滤镜可将一个或多个焦点添加到图像中。可以根据不同的要求而对焦点的大小与形状、图像其余部分的模糊数量以及清晰区域与模糊区域之间的过渡效果进行相应的设置。该滤镜效果如下中图所示。
- **移轴模糊**：移轴效果是一种特殊的摄影效果，其用大场景来表现类似微观的世界，让人感觉非常有趣。该滤镜效果如下右图所示。

- **表面模糊**："表面模糊"滤镜可以在不修改边缘的情况下进行图像模糊，该滤镜经常被用来消除画面中细微的杂点。该滤镜效果如下左图所示。
- **动感模糊**："动感模糊"滤镜可以沿指定的方向，产生类似于运动的效果，该滤镜常用来制作带有动感的画面。其效果如下中图所示。
- **方框模糊**："方框模糊"滤镜可以基于相邻像素的平均颜色值来模糊图像，生成的模糊效果类似于方块模糊。其效果如下右图所示。

- **高斯模糊**："高斯模糊"滤镜可以均匀柔和地将画面进行模糊，使画面看起来具有朦胧感，如下左图所示。
- **进一步模糊**："进一步模糊"滤镜没有任何参数可以设置，使用该滤镜只会让画面产生轻微的、均匀的模糊效果，如下中图所示。
- **径向模糊**："径向模糊"是指以指定点的中心点为起始点创建的旋转或缩放的模糊效果，如下右图所示。

- **镜头模糊**："镜头模糊"滤镜通常用来制作景深效果。如果图像中存在Alpha通道或图层蒙版，则可以将其指定为"源"，从而产生景深模糊效果，如下左图所示。
- **模糊**："模糊"滤镜用于在图像中有显著颜色变化的地方消除杂色，它可通过平衡已定义的线条和遮蔽区域的清晰边缘旁边的像素来使图像变得柔和（该滤镜没有参数设置对话框），如下中图所示。
- **平均**："平均"滤镜可以查找图像或选区的平均颜色，再用该颜色填充图像或选区，以创建平滑的外观效果，如下右图所示。

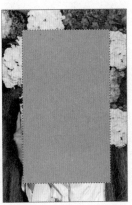

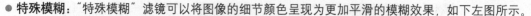

- **特殊模糊**："特殊模糊"滤镜可以将图像的细节颜色呈现为更加平滑的模糊效果，如下左图所示。
- **形状模糊**："形状模糊"滤镜可以以形状来创建特殊的模糊效果，如下右图所示。

8.2.3 扭曲

执行"滤镜>扭曲"命令，可以看到其子菜单中包括"波浪"、"波纹"、"极坐标"、"挤压"、"切变"、"球面化"、"水波"、"旋转扭曲"、"置换"9种滤镜，如下左图所示。这些滤镜可以通过更改图像纹理和质感的方式扭曲图像效果。下右图所示为一张图片的原始效果。

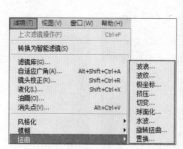 

- **波浪**：该滤镜是一种通过移动像素位置达到图像扭曲效果的滤镜，该滤镜可以在图像上创建类似于波浪起伏的效果，如下左图所示。
- **波纹**：该滤镜可创建似水波的涟漪效果，常用于制作水面的倒影，如下中图所示。
- **极坐标**：该滤镜可以说是一种"极度变形"的滤镜，它可以将图像从拉直转换到弯曲，或从弯曲转换至拉直。其效果如下右图所示。

- **挤压**：该滤镜可以将图像进行挤压变形。在弹出的对话框中，"数量"用于调整图像扭曲变形的程度和形式。其效果如下左图所示。

- **切变**：该滤镜是将图像沿一条曲线进行扭曲，通过拖曳调整框中的曲线可以应用相应的扭曲效果。其效果如下右图所示。

- **球面化**：该滤镜可以使图像产生映射在球面上的突起或凹陷的效果。其效果如下左图所示。
- **水波**：该滤镜可以使图像按各种设定产生抖动的扭曲，并按同心环状由中心向外排布，产生的效果就像荡起阵阵涟漪的湖面一样。其效果如下中图所示。
- **旋转扭曲**：该滤镜是以画面中心为圆点，按照顺时针或逆时针的方向旋转图像，产生类似旋涡的旋转效果，如下右图所示。

- **置换**：该滤镜需要两个图像文件才能完成，一个是进行置换变形的图像文件，另一个则是决定如何进行置换变形的文件，且该文件必须是PSD格式的文件。执行此滤镜时，它会按照这个"置换图"的像素颜色值，对原图像文件进行变形。例如将下左图所示的"1.psd"作为置换图。切换到当前所在的人物图像，执行"滤镜>扭曲>置换"命令，在"置换"对话框中设置合适的参数，然后单击"确定"按钮；接着在弹出的"选取一个置换图"对话框中选择"1.psd"，如下中图所示。最后单击"打开"按钮，此时画面效果如下右图所示。

8.2.4 锐化

执行"滤镜 > 锐化"命令，可以看到其子菜单中包括"USM锐化"、"防抖"、"进一步锐化"、"锐化"、"锐化边缘"、"智能锐化"6种滤镜，如下左图所示。这些滤镜可以通过锐化让图像更清晰、锐利。下右图所示为一张图片的原始效果。

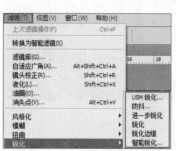

- **USM锐化**："USM锐化"滤镜可以自动识别画面中色彩对比明显的区域，并对其进行锐化。其效果如下左图所示。
- **防抖**：该滤镜可弥补由于使用相机拍摄时抖动而产生的图像虚化问题。其效果如下中图所示。
- **进一步锐化**："进一步锐化"滤镜可以通过增加像素之间的对比度使图像变得清晰，但锐化效果不是很明显（与"模糊"滤镜组中的"进一步模糊"类似）。其效果如下右图所示。

- **锐化**："锐化"滤镜没有参数设置对话框，并且其锐化程度一般都比较弱，如下左图所示。
- **锐化边缘**：该滤镜同样没有参数设置对话框，它会锐化图像的边缘，如下中图所示。
- **智能锐化**："智能锐化"滤镜的参数比较多，也是实际工作中使用频率最高的一种锐化滤镜。其效果如下右图所示。

8.2.5 像素化

执行"滤镜>像素化"命令，可看到其子菜单中包括"彩块化"、"彩色半调"、"点状化"、"晶格化"、"马赛克"、"碎片"、"铜版雕刻"7种滤镜，如下左图所示。这些滤镜可通过将图像分成一定的区域，将这些区域转变为相应的色块再由色块构成图像，从而创造出独特的艺术效果。下右图是原始图片。

- **彩块化**：该滤镜可以将纯色或相近色的像素结成相近颜色的像素块，使图像产生手绘的效果。由于该滤镜在图像上产生的效果不明显，因此在使用时，可通过重复按下快捷键Ctrl+F多次应用该滤镜而加强画面效果。该滤镜常用来制作手绘图像、抽象派绘画等艺术效果，如下左图所示。
- **彩色半调**：可以在图像中添加网点化的效果，模拟在图像的每个通道上使用放大的半调网屏的效果。应用"彩色半调"滤镜后，图像在每个颜色通道都将转化为网点。网点的大小受到图像亮度的影响。其效果如下右图所示。

- **点状化**："点状化"滤镜可模拟制作对象的点状色彩效果。可以将图像中颜色相近的像素结合在一起，变成一个个的颜色点，并使用背景色作为颜色点之间的画布区域。其效果如下左图所示。
- **晶格化**：可以使图像中颜色相近的像素结块形成多边形纯色晶格化效果，如下右图所示。

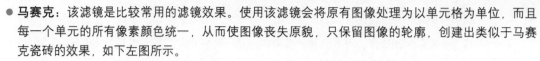

- **马赛克**：该滤镜是比较常用的滤镜效果。使用该滤镜会将原有图像处理为以单元格为单位，而且每一个单元的所有像素颜色统一，从而使图像丧失原貌，只保留图像的轮廓，创建出类似于马赛克瓷砖的效果，如下左图所示。
- **碎片**：该滤镜可以将图像中的像素复制4次，然后将复制的像素平均分布，并使其相互偏移，产生一种类似于重影的效果，如下中图所示。
- **铜版雕刻**：可以将图像的点、线条或笔划的样式转换为黑白区域的随机图案或彩色图像中完全饱和颜色的随机图案。其效果如下右图所示。

8.2.6 渲染

执行"滤镜>渲染"命令，可看到其子菜单中包括"分层云彩"、"光照效果"、"镜头光晕"、"纤维"、"云彩"5种滤镜，如下左图所示。这些滤镜可以改变图像的光感效果，主要用来在图像中创建3D形状、云彩照片、折射照片和模拟光反射效果。下右图所示为一张图片的原始效果。

- **分层云彩**：该滤镜使用随机生成的介于前景色与背景色之间的值，将云彩数据和原有的图像像素混合，生成云彩照片。多次应用该滤镜可创建出与大理石纹理相似的照片，如下左图所示。
- **光照效果**：该滤镜通过改变图像的光源方向、光照强度等，使图像产生更加丰富的光效。该滤镜不仅可以在 RGB 图像上产生多种光照效果，也可以使用灰度文件的凹凸纹理图产生类似 3D 的效果，并存储为自定样式以在其他图像中使用。其效果如下中图所示。
- **镜头光晕**：该滤镜可以模拟亮光照射到相机镜头所产生的折射效果，使图像产生炫光的效果。该滤镜常用于创建星光、强烈的日光以及其他光芒效果。其效果如下右图所示。

● **纤维**：该滤镜可以根据前景色和背景色来创建类似编织的纤维效果，原图像会被纤维效果代替，如下左图所示。

● **云彩**：该滤镜可以根据前景色和背景色随机生成云彩图案，如下右图所示。

8.2.7 杂色

"滤镜>杂色"子菜单中的滤镜包括"减少杂色"、"蒙尘与划痕"、"去斑"、"添加杂色"、"中间值"，如下左图所示。这些滤镜可以为图像添加或去掉杂点。下右图所示为一张图片的原始效果。

● **减少杂色**：该滤镜是通过融合颜色相似的像素来实现杂色的减少，而且该滤镜还可以针对单个通道的杂色减少进行参数设置。其效果如下左图所示。

● **蒙尘与划痕**：该滤镜可根据亮度的过渡差值，找出与图像反差较大的区域，并用周围的颜色填充这些区域，以有效地去除图像中的杂点和划痕。但该滤镜会降低图像的清晰度，如下右图所示。

● **去斑**：该滤镜会自动探测图像中颜色变化较大的区域，然后模糊除边缘以外的部分，使图像中杂点减少。该滤镜可用于为人物磨皮，效果如下左图所示。
● **添加杂色**：该滤镜可以在图像中添加随机像素，减少羽化选区或渐进填充中的条纹，使经过重大修饰的区域看起来更真实，并可以使混合时产生的色彩具有散漫的效果，如下中图所示。
● **中间值**：该滤镜可以搜索图像中亮度相近的像素，扔掉与相邻像素差异太大的像素，并用搜索到的像素的中间亮度值替换中心像素，使图像的区域平滑化。在消除或减少图像的动感效果时非常有用。其效果如下右图所示。

8.2.8 其他滤镜组

执行"滤镜>其他"命令，可以看到其子菜单中包括"高反差保留"、"位移"、"自定"、"最大值"、"最小值" 5种滤镜，如下左图所示。如右图所示为一张图片的原始效果。

- **高反差保留**：＂高反差保留＂滤镜可以自动分析图像中的细节边缘部分，并且会制作出一张带有细节的图像，如下左图所示。
- **位移**：＂位移＂滤镜可以在水平或垂直方向上偏移图像。其效果如下右图所示。

- **自定**：＂自定＂滤镜可以设计用户自己的滤镜效果。该滤镜可以根据预定义的＂卷积＂数学运算来更改图像中每个像素的亮度值。其效果如下左图所示。
- **最大值**：＂最大值＂滤镜可以在指定的半径范围内，用周围像素的最高亮度值替换当前像素的亮度值。＂最大值＂滤镜具有阻塞功能，可以展开白色区域阻塞黑色区域。其效果如下中图所示。
- **最小值**：＂最小值＂滤镜具有伸展功能，可以扩展黑色区域，而收缩白色区域，如下右图所示。

  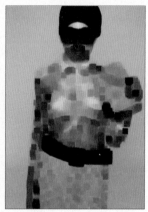

 知识延伸：重复上一步滤镜操作

　　＂滤镜＂菜单中的第一个命令就是＂上次滤镜操作＂命令，执行该命令或使用快捷键Ctrl+F，即可将上一次应用的滤镜以及参数应用到当前图像上，如下图所示。

滤镜(T)	视图(V)	窗口(W)	帮助(H)
上次滤镜操作(F)			Ctrl+F
转换为智能滤镜(S)			
滤镜库(G)...			
自适应广角(A)...			Alt+Shift+Ctrl+A
镜头校正(R)...			Shift+Ctrl+R
液化(L)...			Shift+Ctrl+X
油画(O)...			
消失点(V)...			Alt+Ctrl+V

上机实训：使用滤镜库制作粗麻休闲短裤

使用滤镜库制作粗麻休闲短裤的操作步骤如下。

步骤 01 执行"文件>打开"命令，打开素材"1.jpg"，如右图所示。

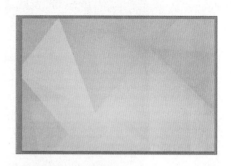

步骤 02 首先绘制短裤的右裤腿。单击工具箱中的"钢笔工具" ，在选项栏中设置绘制模式为"形状"，设置"填充"为白色、"描边"为黑色、"描边宽度"为1点、"描边类型"为"直线"，绘制出右裤腿，如下图所示。

步骤 03 使用相同的方法绘制出左裤腿，如下图所示。

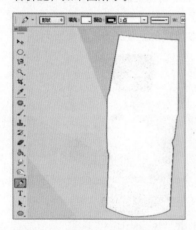

步骤 04 绘制右裤腿上的口袋。单击工具箱中的"钢笔工具" ，在选项栏中设置绘制模式为"形状"，设置"填充"为无色、"描边"为黑色、"描边宽度"为1点、"描边类型"为"直线"，绘制出右裤腿上的口袋，如下图所示。

步骤 05 使用同样的方法绘制出口袋上的缉明线，在选项栏中设置描边类型为虚线，如下图所示。

步骤 06 将制作的右裤腿的图层全部选中，按快捷键Ctrl+G进行编组操作，命名为"口袋"组，再使用快捷键Ctrl+J，复制出口袋组。执行"编辑>变换>水平翻转"命令，然后将复制出的"口袋"组摆放在合适位置，如下图所示。

步骤 08 绘制短裤裤腰轮廓。单击工具箱中的"钢笔工具" 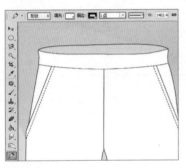 ，在选项栏中设置绘制模式为"形状"，设置"填充"为白色、"描边"为黑色、"描边宽度"为1点、"描边类型"为"直线"，绘制出裤腰轮廓，如下图所示。

步骤 10 绘制裤腰上的纽扣。单击工具箱中的"椭圆工具"，在选项栏中设置绘制模式为"形状"，设置"填充"为白色、"描边"为黑色、"描边宽度"为1点、"描边类型"为"直线"，按住Shift键绘制出裤腰纽扣，如下图所示。

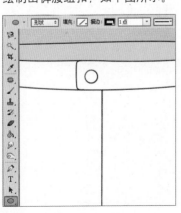

步骤 07 使用"钢笔工具"绘制出后片上的后腰部分，如下图所示。

步骤 09 使用同样的方法绘制出完整裤腰，如下图所示。

步骤 11 使用"圆角矩形工具"绘制出纽扣内部的细节，如下图所示。

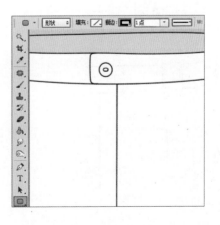

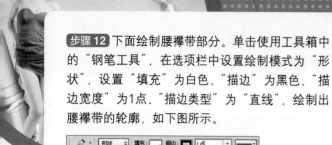

步骤 12 下面绘制腰襻带部分。单击使用工具箱中的"钢笔工具"，在选项栏中设置绘制模式为"形状"，设置"填充"为白色、"描边"为黑色、"描边宽度"为1点、"描边类型"为"直线"，绘制出腰襻带的轮廓，如下图所示。

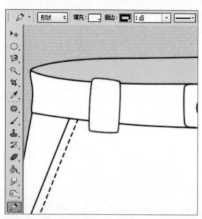

步骤 14 将制作的腰襻带的图层全部选中，按快捷键Ctrl+G进行编组操作，命名后使用快捷键Ctrl+J，将腰襻带复制一组，摆在合适的位置上，如下图所示。

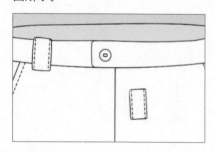

步骤 16 绘制短裤上的褶皱。单击工具箱中的"自由钢笔工具" ，在选项栏中设置绘制模式为"形状"，设置"填充"为无色、"描边"为黑色、"描边宽度"为1点、"描边类型"为"直线"，绘制出短裤上的褶皱，如下图所示。

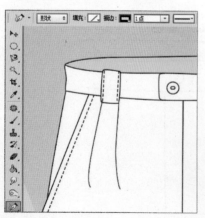

步骤 13 使用"自由钢笔工具"绘制出腰襻带上的缉明线，如下图所示。

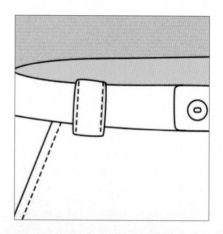

步骤 15 使用"移动"工具，选中复制的腰襻带，向右移动，摆在合适的位置上，如下图所示。

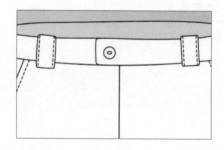

步骤 17 使用同样的方法绘制出其他褶皱，如下图所示。

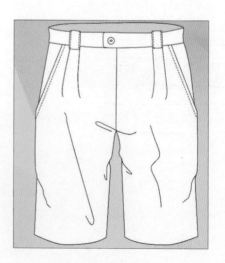

步骤 18 绘制短裤上的缉明线。单击工具箱中的"自由钢笔工具" ，在选项栏中设置绘制模式为"形状"，设置"填充"为无色、"描边"为黑色、"描边宽度"为1点，选择一种合适的虚线描边类型，绘制出短裤上的缉明线，如下图所示。

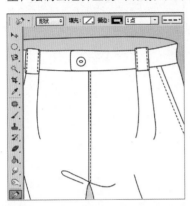

步骤 19 使用同样的方法绘制出其他缉明线，如下图所示。

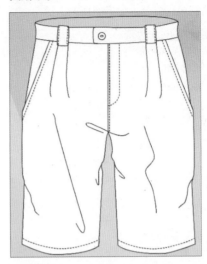

步骤 20 下面制作面料。新建一个图层，设置前景色为土黄色，使用快捷键Alt+Delete进行填充，如下图所示。

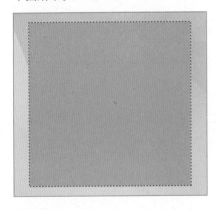

步骤 21 对该图层执行"滤镜>滤镜库"命令，选择"纹理化"滤镜，设置"缩放"为178%、"凸现"为11，如下图所示。

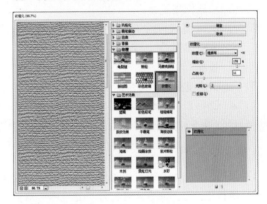

步骤 22 单击"滤镜库"对话框底部的"新建效果图层"按钮，接着在"艺术效果"组中单击"粗糙蜡笔"滤镜，设置"描边长度"为6、"描边细节"为4、"凸现"为20，单击"确定"按钮，如下图所示。

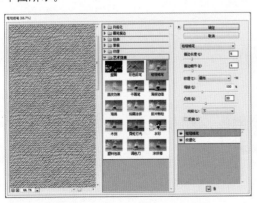

步骤 23 此时的面料效果如下图所示。

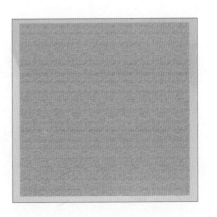

步骤 24 在"图层"面板中设置图层的混合模式为"正片叠底",然后在该图层上单击鼠标右键,执行"创建剪贴蒙版"命令,如下图所示。

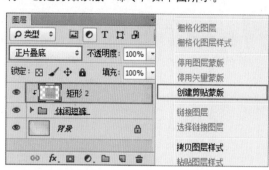

步骤 25 最终效果如下图所示。

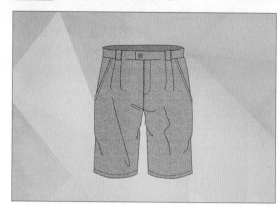

课后练习

1. 选择题

(1) 在"镜头校正"对话框中,以下_____选项可以用来去除图片的暗角。

　　A. 移去扭曲工具　　　　　　　　　B. 拉直工具

　　C. 移动网格工具　　　　　　　　　D. 晕影

(2) _____滤镜可沿指定的方向,产生类似运动的效果,该滤镜常用来制作带有动感的画面。

　　A. 高斯模糊　　　　　　　　　　　B. 动感模糊

　　C. 模糊　　　　　　　　　　　　　D. 进一步模糊

(3) "上次滤镜操作"命令的快捷键是_____。

　　A. Ctrl+F　　　　　　　　　　　　B. Shift+F

　　C. Alt+F　　　　　　　　　　　　　D. Ctrl+Shift+F

2. 填空题

(1) 使用_____滤镜可以为图像模拟出油画效果。

(2) 执行_____命令,可打开"滤镜库"对话框。

(3) "云彩"滤镜可以根据_____和_____随机生成云彩图案。

3. 上机题

本上机题要求使用钢笔工具绘制半身裙的轮廓,裙子上的数码印花效果采用了一张花朵的照片作为基础图案,并通过对其使用"油画"滤镜,使花朵照片产生一种油画效果,增强裙子的艺术感。

PART

02 综合案例篇

综合案例篇包含7章，对Photoshop CC的
应用热点逐一进行理论分析和案例精讲，
完整地讲解了7个案例的制作流程和操作
技巧，实用性强，从而使读者学习后，能
够真正达到学以致用的效果。

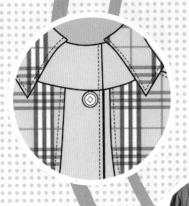

本章概述

T恤衫是人们最常穿着的服装之一，因其摊开时呈T形，故而得名"T恤衫"。T恤衫以其轻便、舒适、廉价的特点广受各个年龄段的消费者的欢迎，可以说是一种超越性别、年龄、国家民族界限的服饰。本章着重讲解T恤衫的基本知识，并通过T恤衫款式图的绘制进行练习。

核心知识点

❶ 了解T恤衫的设计要素

❷ 掌握T恤衫款式图的绘制方法

9.1 认识T恤衫

　　T恤衫是"T-shirt"的音译名，在中国也叫"文化衫"，因为衣身与袖构成"T"字形，即其衣为T形缝合领，故此而得名。T恤衫是一款常见的服饰，通常具有方便、舒适、廉价、美观、个性、百搭的特点。最为常见的T恤衫是圆领短袖，其长及腰间，一般没有钮扣、领子或口袋，如下左图所示。与此相对的，是带有领子，领座的高度足以使衣领在穿着西装时露出，前襟有两到三颗纽扣的短袖，通常被称为POLO衫，如下右图所示。

　　T恤衫虽然结构简单，但是现代的T恤衫并不仅限于圆领、短袖这些特征。在进行T恤衫设计时，为了追求款式的新颖、别致，往往会将其他类型的服装要素吸收进来，例如应对不同温度环境和不同的穿着场合，款型各异的长袖T恤衫、无袖T恤衫、中长款T恤衫、带帽T恤衫等，如下图所示。

9.2 T恤衫的常见廓形

对于一件T恤，外轮廓形态的设计是非常关键的一项，也是一件T恤最大的特点。T恤外轮廓不仅表现了T恤的造型风格，也是表达人体美的重要手段。因此，廓形设计在T恤设计中居于首要的地位。按照字母型廓形分类法，T恤衫的常见廓形有H形、X形、Y形等。下图所示为优秀的T恤衫设计作品。

9.2.1 H形

H形T恤衫以不收腰窄下摆为基本特征，衣身呈直筒状。男士T恤衫通常采用这种廓形，如下图所示。

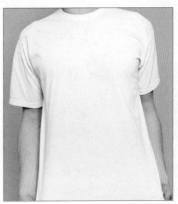

9.2.2 X形

X形T恤衫以宽肩、阔摆、束腰为基本特征，常见于修身款的女士T恤衫中，如下图所示。

9.2.3 Y形

Y形轮廓多用于女士T恤衫外轮廓设计，常以夸张的肩部造型搭配窄下摆为基本特征，如下图所示。

9.3 T恤的设计要素

T恤衫虽然花样繁多，但是其造型相对于其他类型的服装而言较为单一，款式变化通常在领口、下摆、袖型、图案和面料上。下图所示为优秀的T恤衫设计作品。

9.3.1 领口

T恤衫的领口是最靠近面部的部分，对脸型有衬托的作用。而且服装的领子是服装整体的最高时间点，是人们对服饰最高的视觉点。所以领口设计又称为服装的"第一形象"设计。T恤衫常见领口类型有圆形领、方形领、V形领、一字领，分别如下图所示。

9.3.2 下摆

下摆是指衣服或裙子的最下方。对于T恤而言，下摆的形态设计受人体限制相对较少，所以设计自由度比较高，在造型的选择上也比较自由，常见的T恤衫下摆可以是圆形、尖形、锯齿形等。前后片下摆的长度可以相同，也可以是前短后长或前长后短。除此之外，下摆边缘还经常会采用蕾丝边、荷叶边或特殊图案等装饰，如下图所示。

9.3.3 袖型

T恤衫多为短袖设计，但秋冬季节的T恤衫多为长袖。T恤衫袖型的设计可以通过变换袖子与衣片的连线、袖身、袖头等方法，同时还可以运用细褶、绣花、纽扣、花边、结带等装饰手法来丰富袖型设计，如下图所示。

9.3.4 图案

T恤衫的图案是设计的一项重要元素，图案不仅起到了装饰的作用，还能够表达个性化的立场态度，寄托个人的喜好。T恤衫的图案主要有两种表现形式：印染纹样以及通过刺绣、印烫、绘制、编织等附着在面料上的图案。T恤衫的图案设计强调样式的灵活多变，力求个性突出。图案的类型很多，常见的有几何图形、卡通形象、抽象图案、文字、照片等，如下图所示。

9.3.5 面料

T恤衫是日常服饰，其在面料的选择上也非常的多元化，常见的面料有棉质和莫代尔两种。化纤类的有锦纶、涤纶、莱卡、氨纶和粘胶纤维。还有混合型的，比如锦纶加棉，涤纶加棉，粘胶纤维加棉等。不同面料的T恤衫如下图所示。

9.4　短款T恤衫设计

下面我们来设计短款T恤衫，具体操作步骤如下。

01 执行"文件>打开"命令，打开背景素材"1.jpg"，如下左图所示。首先绘制T恤衫的前片。单击工具箱中的"钢笔工具" ，在选项栏中设置绘制模式为"形状"，设置"填充"为黄色、"描边"为黑色、"描边大小"为1点、"描边类型"为"实线"，然后在画面中单击鼠标左键创建一个起始点，按住Shift键单击绘制出一条直线，如下右图所示。

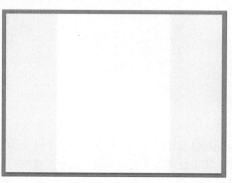 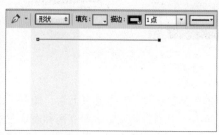

02 将光标移至下一点处，按住鼠标左键并拖曳出曲线，如下左图所示。使用同样的方法继续绘制路径，得到衣服前片，如下右图所示。将刚刚制作的T恤前片的图层改名为"前片"。

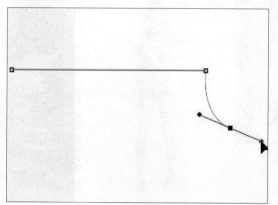 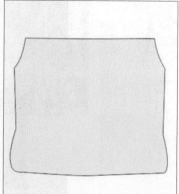

03 执行"编辑>预设>预设管理器"命令，在弹出的"预设管理器"对话框中设置"预设类型"为"图案"，如下左图所示。单击"载入"按钮，在弹出的"载入"对话框中选择素材"图案素材.pat"，然后单击"载入"按钮，如下右图所示。接着单击"完成"按钮。

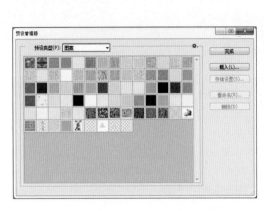

04 下面需要为T恤前片添加图案。选中"前片"图层，执行"图层>图层样式>图案叠加"命令，在弹出对话框中将"混合模式"设置为"叠加"，展开"图案"拾色器，选择刚刚添加的图案，如下左图所示。单击"确定"按钮后，T恤前片效果如下右图所示。

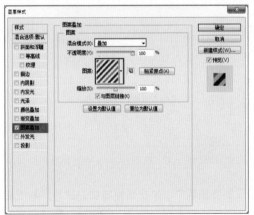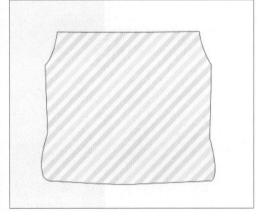

05 绘制T恤"前过肩"部分。使用"钢笔工具"绘制出"前过肩"部分，如下左图所示；然后为"前过肩"部分添加蕾丝效果，执行"文件>置入"命令，将素材"3.jpg"置入到画面中，调整蕾丝素材的显示比例，并摆放在合适位置上，如下中图所示；接着在"蕾丝"图层上单击鼠标右键，执行"创建剪贴蒙版"命令，此时蕾丝素材只显示出前过肩区域内的部分，如下右图所示。

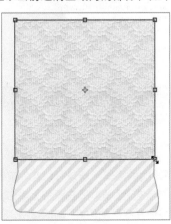

06 下面开始调整"蕾丝"的亮度。选择"蕾丝"图层，执行"图层>新建调整图层>曲线"命令，调节曲线形态，单击曲线"属性"面板底部的"此调整剪切到此图层"按钮，如下左图所示；这时蕾丝部分变亮了一些，如下中图所示。使用上述方法绘制T恤下摆，并添加相同的图层样式，如下右图所示。

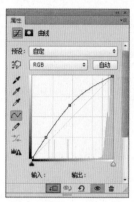

07 单击工具箱中的"自由钢笔工具" ，在T恤的前片上绘制出一个衣褶的线条，如下左图所示。使用同样的方法制作其他衣褶，如下右图所示。

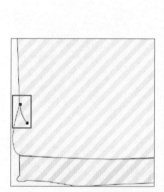

08 在"图层"面板中按住Ctrl键，将制作的衣褶图层全部选中，单击鼠标右键并执行"从图层建立组"命令，在弹出的"从图层新建组"对话框中设置"名称"为衣褶，如下左图所示。使用同样方法将之前创建的图层进行编组操作，设置名称为"前片"，如下中图所示。下面开始绘制"T恤领口"。选择"钢笔工具"，在选项栏中设置类型为"形状"，将"填充"设置为黄色，描边设置为黑色，"描边大小"设置为1点，在画面中绘制出前领口，效果如下右图所示。

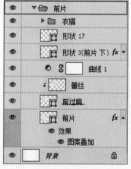

09 由于领口部分同样为淡黄色斜条纹的图案，所以可以在"前片"图层上单击鼠标右键并执行"拷贝图层样式"命令，如下左图所示。然后在T恤领口所在图层上单击鼠标右键，执行"粘贴图层样式"命令，如下中图所示。此时领口出现了与前片相同的图案，如下右图所示。

⑩ 使用同样方法绘制出后领口，如下左图所示。单击工具箱中的"魔棒工具" 🪄，在选项栏中勾选
"连续"、"对所有图层取样"选项。接着在两个领口间单击，两领口间出现选区，如下中图所示。在"图
层"面板下方单击"创建新图层"按钮🖺，创建出新的图层，并填充稍深的黄色，如下右图所示。

 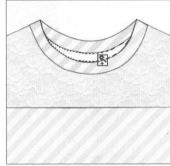 

⑪ 选中"蕾丝"图层和"曲线1"图层，在按住Alt键的同时将其拖曳复制到刚刚新建的图层上方，
然后单击鼠标右键并执行"创建剪贴蒙版"命令，如下左图所示。下面绘制衣领处的缉明线。单击工具
箱中的"自由钢笔工具" 🖊，在选项栏中设置绘制模式为"形状"，设置"填充"为无色、"描边"为黑
色、"描边大小"为1点，选择一种虚线的描边样式，在衣领处拖曳绘制缉明线，如下中图所示。使用同
样的方法绘制其他缉明线，如下右图所示。

 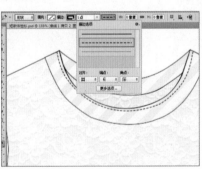 

⑫ 下面绘制右袖。使用"钢笔工具"绘制衣服右袖轮廓，同样利用"拷贝图层样式"命令与"粘贴
图层样式"命令，为其添加相同的浅黄色斜条纹图案，如下左图所示；使用"自由钢笔工具"绘制袖口
与花边之间的分界线，如下右图所示。

13 继续使用"自由钢笔工具"在袖口花边处绘制出衣褶，如下左图和下中图所示。与制作"后领口"部分的蕾丝效果相同，利用"创建剪贴蒙版"命令为衣袖花边添加蕾丝效果，如下右图所示。

14 将制作的右袖的图层全部选中，按快捷键Ctrl+G进行编组操作，命名为"右袖"组，如下左图所示。按快捷键Ctrl+J，复制出"左袖"组，执行"编辑>变换>水平翻转"命令，然后将"左袖"摆放在合适位置，效果如下右图所示。

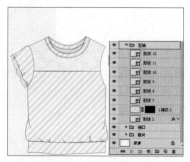

15 到这里，T恤衫的款式图就制作完成了，将之前所有图层进行编组，命名为"组1"，如下左图所示。将"组1"进行复制，并命名为"组2"。然后将"组2"向右进行移动，如下右图所示。

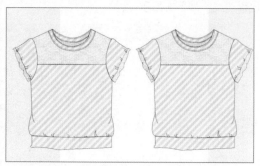

16 下面开始制作不同颜色的T恤衫。执行"图层>新建调整图层>色相/饱和度"命令，创建一个"色相/饱和度"调整图层，将其置于"组2"上方。设置"色相"数值为21，单击"此调整剪切到此图层"按钮，如下左图所示。此时服装发生了颜色变化，最终效果如下右图所示。

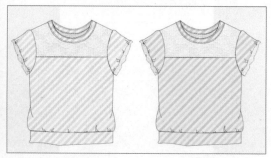

Chapter 衬衫设计

本章概述

衬衫是一种有领有袖的前开襟且袖口有扣的内上衣，常贴身穿。随着时代的发展，衬衫演变出多种多样的类型，衬衫早已不仅仅是搭配西装出现在正式场合中的服饰，更是日常生活中休闲服饰里的主要类型。本章就带领大家了解一下衬衫的基础知识，并通过一个案例练习衬衫款式图的设计制作。

核心知识点

❶ 熟悉衬衫的基本构成
❷ 了解衬衫的常见类型
❸ 掌握衬衫款式图的设计制作方法

10.1 认识衬衫

衬衫的特征是有衣领、衣袖、前开襟以及袖口有扣。衬衫可以穿在内外上衣之间，也可单独作为上衣穿着。衬衫并不是近代的产物，早在周代时期，中国就已经有了衬衫这种服饰，时称中衣，后称中单。汉代时称近身的衫为厕腧，宋代开始使用"衬衫"之名，也就是现在常说的"中式衬衫"。19世纪40年代，西式衬衫传入中国。在最初，衬衫为男士穿着，一般穿在西装里面。经过不断的发展，衬衫在20世纪50年代逐渐被女性接受，现已成为常用服装之一。现代衬衫样式效果如下图所示。

衬衫的基本构成部分有：领子、领座、过肩、领窿、领扣、克夫、前片、门襟、袖子、袖衩、后身、领肩，如下图所示。

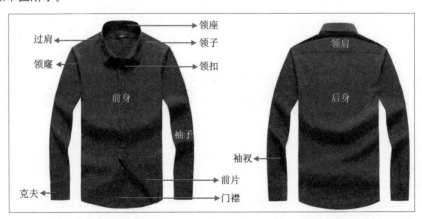

10.2 衬衫的常见类型

衬衫有很多种类，不同风格的衬衫往往适用于不同的场合，也会使穿着者表现出不同的气质。常见的衬衫类型有法式衬衫、美式衬衫、意大利式衬衫、英式衬衫等。

10.2.1 法式衬衫

法式衬衫以优雅高贵著称，是可用于搭配正装和礼服的高级衬衫。法式衬衫剪裁讲求贴身合体，营造修长优雅的线条，最大的特点就是叠袖和袖扣。除此之外，法式衬衫的领子比普通衬衫要高8mm以上，领尖后面有一个暗槽，用于插入特制的金属领撑，使领子保持挺直。法式衬衫的前襟没有前襟贴片，扣眼底部加固部分放在里侧。法式衬衫效果如下图所示。

  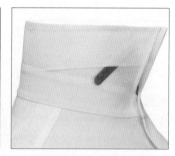

10.2.2 美式衬衫

美式衬衫最大的特点是比较宽松，袖肥身肥，不讲究和身体曲线吻合的剪裁，因此更适合做休闲度假或家居衬衫。标准美式衬衫的领子有领尖扣，以扣合方式来固定处于视觉中心的领子部位，如下图所示。

10.2.3 意大利式衬衫

意大利式衬衫是用于搭配正装的绅士正装衬衫之一，属于传统欧式服式中较为贵族化兼有浪漫气质的一种衬衫，和法式衬衫一样成为传统欧洲绅士最常穿着的衬衫，如下图所示。

 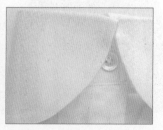

10.2.4 英式衬衫

英式衬衫从款式上来说属于正装衬衫，也是我们最熟悉的款式，外观较意式衬衫和法式衬衫相对简单，如下图所示。

10.3 男式衬衫设计

男式衬衫无论是商务旅行还是休闲度假都可以穿着，所以衬衫在设计上也变得多元化。根据款式和用途的不同，可以将男式衬衫分为普通衬衫、礼服衬衫和休闲衬衫三类。

10.3.1 普通衬衫

普通衬衫即可穿在西服中，也可以单独穿着的衬衫。普通衬衫在款式设计上通常选择较为干练的廓形，没有附加的装饰；领子部位因系领带的关系，所以对其造型及剪裁的质量要求比较高，要求衣领两边对称平挺，如下图所示。

10.3.2 礼服衬衫

礼服衬衫和普通衬衫在整体结构上是相同的，它们的主要区别是领型、前胸和袖头。礼服衬衫的特点是结构合体，腰部略微缩小，对胸部造型尤其讲究；通常在胸口做缉细裥或镶嵌尼龙花边、荷叶边等工艺装饰，如下图所示。

10.3.3　休闲衬衫

休闲衬衫通常在设计上采用宽松剪裁，多添加胸袋作为装饰。另外，在面料材质和图案的选择上也更为多元化，整体给人一种活泼、洒脱、随意、放松的感觉，如下图所示。

10.4　女式衬衫设计

随着第一次世界大战的结束，女性开始进入社会生活的各个领域，女性的着装也开始为适应社会生活的需要而发生改变。在逐渐演变的过程中，从模仿男性西服套装的基础上诞生了女性套装，而作为与西服套装配套穿着的衬衫，自然也就成为女性不可缺少的服饰了。在当代，衬衫是女性不可缺少的服饰之一。女式衬衫在造型、着装方式、面料上都比男式衬衫变化丰富。女式衬衫通常分为两类：一类是衬衣型衬衫，另一类是上衣型衬衫。

10.4.1　衬衣型衬衫

衬衣型衬衫是指穿在西服套装内用于衬托外衣的衬衫。该类衬衫有非常明显的男性化特征，所以在造型和结构以及面料的选择上都与男式衬衫一样，具有一定格式上的要求。在设计上，衬衣型衬衫不能太过张扬，要与所衬托的外衣相协调，如下图所示。

10.4.2　上衣型衬衫

上衣型衬衫是由衬衣型衬衫发展而来的，其在面料的选择、款式的设计上都比较多元化。和衬衣型衬衫相比，上衣型衬衫可以是合体的，也可以是宽松的，可以是长袖的，也可以是短袖的。所以这类衬衫变化非常的丰富，使它成为了夏秋季节女装最重要的组成部分。下图所示的就是上衣型女式衬衫。

10.5 男式撞色休闲衬衫设计

下面我们来设计男式撞色休闲衬衫，具体操作步骤如下。

01 执行"文件>打开"命令，打开素材"1.jpg"，如下左图所示。首先绘制衬衫的右前片。单击工具箱中的"钢笔工具" ，在选项栏中设置绘制模式为"形状"，设置"填充"为白色、"描边"为黑色、"描边宽度"为1点、"描边类型"为"实线"，绘制出"右前片"的形状，如下右图所示。

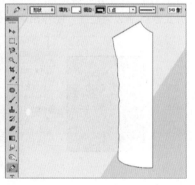

02 接着绘制衬衫上的条纹。单击工具箱中的"矩形工具" ，在选项栏中设置绘制模式为"形状"，设置"填充"为蓝色、"描边"为无色，在衬衫前片上绘制出蓝色的矩形条纹，如下左图所示。使用同样的方法绘制其他条纹，并放置在合适位置上，如下右图所示。

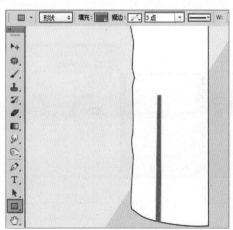
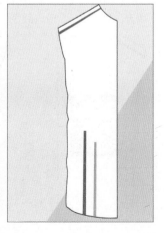

03 下面制作右肩的缉明线。单击工具箱中的"自由钢笔工具" ，在选项栏中设置绘制模式为"形状"，设置"填充"为无色、"描边"为黑色、"描边宽度"为0.5点，再选择一种合适的虚线描边样式，绘制出右肩上的缉明线，如下左图所示。然后制作衣褶部分。单击工具箱中的"自由钢笔工具" ，在选项栏中设置绘制模式为"形状"，设置"填充"为无色、"描边"为黑色、"描边宽度"为1点、"描边类型"为实线，按住鼠标左键绘制出衣褶部分，效果如下右图所示。

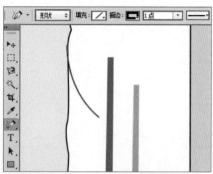

04 单击工具箱中的"圆角矩形工具" 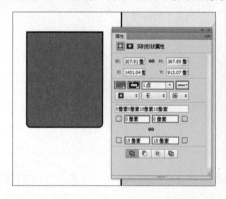，在选项栏中设置绘制模式为"形状"，绘制出一个圆角矩形。执行"窗口>属性"命令，打开"属性"面板，设置"填充"为蓝色、"描边颜色"为黑色、"描边宽度"为1点、"描边类型"为实线，取消"将角半径值链接到一起"选项，设置"左下角半径"和"右下角半径"数值为15、"左上角半径"和"右上角半径"数值为0，此时圆角矩形效果如下左图所示。复制这个图形，并更改其描边为虚线，制作出胸袋的缉明线部分，如下右图所示。

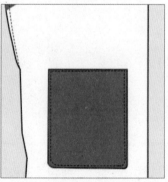

05 制作完整的右前片的胸袋部分。使用上述方法再次绘制几个圆角矩形，制作出右前片胸袋，如下左图所示。单击选择"椭圆工具"，在选项栏中设置绘制模式为"形状"，绘制出一个正圆，再在"属性"面板中设置"填充"为白色、"描边颜色"为黑色、"描边宽度"为1点，如下右图所示。

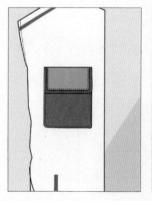
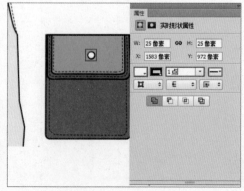

06 将制作的右前片的图层全部选中，按快捷键Ctrl+G进行编组操作，命名为"右前片"组，如下左图所示。接着按快捷键Ctrl+J，复制出"左前片"组，执行"编辑>变换>水平翻转"命令，然后将"左前片"摆放在合适位置，如下右图所示。

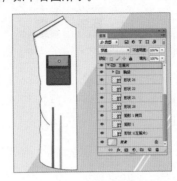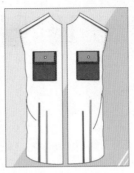

07 下面制作"门襟部分"。使用"矩形工具"，在选项栏中设置绘制模式为"形状"，设置"填充"为白色、"描边"为黑色、"描边宽度"为1点、"描边类型"为实线，按住鼠标拖曳绘制衬衫的门襟部分，然后在其中绘制稍小一些的虚线矩形作为缉明线，如下左图所示。接着制作门襟中的纽扣部分。使用"椭圆工具"，在选项栏中设置绘制模式为"形状"、"填色"为白色、"描边颜色"为黑色、"描边宽度"为0.5点，绘制出一个正圆，如下中图所示。使用同样的方法制作出其他纽扣，将全部的纽扣图层选中，单击"移动工具"，在选项栏中单击"水平居中对齐"按钮和"垂直居中分布"按钮，将纽扣均匀地排布，如下右图所示。

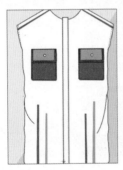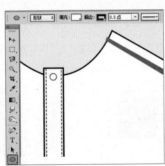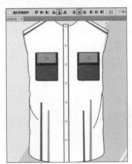

08 制作右侧的衣领部分。单击工具箱中的"钢笔工具"，在选项栏中设置绘制模式为"形状"，设置"填充"为粉色、"描边"为黑色、"描边宽度"为1点、"描边类型"为实线，绘制衣领右侧部分，效果如下左图所示。使用同样的方法绘制出衣领的其他组成部分，如下右图所示。

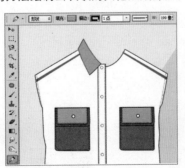

09 制作衣服右袖基本轮廓。单击选择"自由钢笔工具"，在选项栏中设置绘制模式为"形状"，设置"填充"为粉色、"描边"为黑色、"描边宽度"为1点、"描边类型"为实线，然后绘制衣服右袖的基本轮廓，将此图层放置在右前片的图层之下，效果如下左图所示。使用同样的方法制作衣服的右袖口，如下右图所示。

⑩ 使用"自由钢笔工具"绘制衣服右袖口处的缉明线，如下左图所示。使用同样的方法制作衣服右袖口处的其他缉明线，如下右图所示。

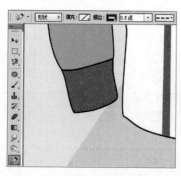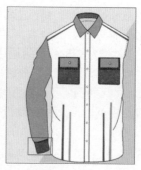

⑪ 使用工具箱中的"自由钢笔工具"绘制出衣褶，如下左图所示。使用同样的方法制作出其他衣褶，效果如下右图所示。

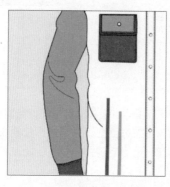

⑫ 制作衣服的左袖。将制作完的右袖的图层全部选中，按快捷键Ctrl+G进行编组操作，并命名为"右袖"组，如下左图所示。接着按快捷键Ctrl+J，复制出"左袖"组，执行"编辑>变换>水平翻转"命令，然后将"左袖"摆放在合适位置，最终效果如下右图所示。

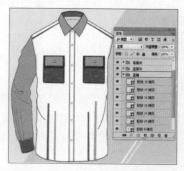

Chapter **11** 外套设计

本章概述

外套最基本的功能就是保暖或防风挡雨。但是随着时代的发展，外套的类型逐渐增多，例如常见的西装外套、牛仔外套、羽绒外套等。根据不同的天气情况以及不同的穿着场合，人们往往会选择不同类型的外套。本章就来介绍一下外套的基本知识，然后通过外套款式图的制作进行练习。

核心知识点

❶ 了解外套的常见类型
❷ 掌握外套款式图的绘制方法

11.1 认识外套

外套泛指穿在最外的服装，体积一般比较大，长衣袖，在穿着时可覆盖上身的其他衣服。其最初作为秋冬季节的保暖服装而广泛地被人们认可。如今，外套的穿着并不仅限于秋冬季节，例如春季穿着的轻薄短款外套，冬季穿着的保暖羊绒大衣等，几乎一年四季都有不同款式、不同面料的外套可供选择。下图所示的就是一些外套效果图。

11.2 外套的常见类型

随着社会的发展，文化的融合，外套逐渐演变成适合各个季节的服装。为了适应不同季节的气候以及不同的穿着场合，外套的种类也越来越多，例如常见的西装外套、牛仔外套、风衣、夹克、罩衫外套、连帽外套、运动外套等；在面料的选择上不仅限于棉、皮、羊毛、丹宁布、羽绒等材质，更为多元化。

11.2.1 西装外套

"西装"是指相对于"中式服装"而言的欧系服装，狭义也通常指代西式上装或西式套装，通常指有翻领和驳头，三个衣兜，衣长在臀围线以下的服装。西装是企业、政府机关从业人员以及正式场合的常见着装。休闲西装外套是由传统西服套装演变而来的，它打破了传统西服的拘谨沉闷，更具随意性，适合日常生活穿着。另外，休闲西装外套在颜色和面料的选择上也更为广泛。下图所示的就是西装外套。

11.2.2 牛仔外套

　　牛仔服起源于美国，原为美国人在开发西部、黄金热时期所穿着的一种服装，后来逐渐发展为各国人民喜爱的日常服装，如牛仔茄克、牛仔裤、牛仔衬衫、牛仔背心、牛仔裙等。牛仔外套是比较常见的外套款式，具有防风、保暖等特性，深受各国人民喜爱。牛仔外套的面料为牛仔布（Denim），也被称作丹宁布，是一种较粗厚的色织经面斜纹棉布。早期的牛仔布只有蓝色，经纱颜色深，一般为靛蓝色，纬纱颜色浅，一般为浅灰或煮练后的本白纱颜色。现在牛仔服的颜色不仅限于深浅不同的蓝色，黑色、白色或其他颜色的牛仔外套也是非常常见的。下图所示的就是牛仔外套。

11.2.3 风衣

　　"风衣"原意为防风雨的薄型大衣，也被称为"风雨衣"。风衣起源于第一次世界大战时西部战场的军用大衣。战后逐渐被人们所接受，成为适合春季以及秋冬季节穿着的流行服装。风衣款式特点主要包括前襟双排扣，右肩附加裁片，开袋，配同色料的腰带、肩襻、袖襻，采用装饰线缝。随着款式的演变，风衣的类型逐渐发展出束腰式、直筒式、连帽式等多种形式。另外，风衣的衣领、衣袖、口袋等细部设计也纷繁不一，风格各异。下图所示的就是风衣。

11.2.4　夹克

"夹克"是一种短上衣，多为翻领、对襟，多用暗扣或拉链。"夹克"一词源于jacket的译音，是从中世纪男子穿着的叫jack的粗布制成的短上衣演变而来，风行于20世纪80年代。夹克自形成以来根据不同性别、年龄、身份、场合演变出多种多样的款式，从使用功能上可将夹克大致分为三种类型：工作服夹克、便装夹克、礼服夹克。夹克造型轻便、活泼，已成为现代人们最常穿着的服装之一，如下图所示。

11.3　秋冬女式长款外套设计

下面我们来设计秋冬女士长款外套，操作步骤如下。

01 执行"文件>打开"命令，打开素材"1.jpg"，如下左图所示。绘制外套的右前片。单击工具箱中的"钢笔工具" ，在选项栏中设置绘制模式为"形状"，设置"填充"为卡其色、"描边"为黑色、"描边宽度"为1点、"描边类型"为实线，绘制出"右前片"的基本形态，如下右图所示。

02 绘制外套右前片的缉明线。单击工具箱中的"钢笔工具"，在选项栏中设置绘制模式为"形状"，设置"填充"为无色、"描边"为黑色、"描边宽度"为0.5点，选择一种合适的虚线描边样式，绘制出纵向的缉明线，如下左图所示。然后制作衣褶部分。单击工具箱中的"自由钢笔工具" ，在选项栏中设置绘制模式为"形状"，设置"填充"为无色、"描边"为黑色、"描边宽度"为0.5点、"描边类型"为实线，按住鼠标左键并拖曳绘制出衣褶部分，效果如下中图所示。使用同样的方法制作其他衣褶，如下右图所示。

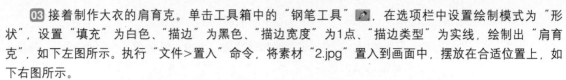

03 接着制作大衣的肩育克。单击工具箱中的"钢笔工具" ，在选项栏中设置绘制模式为"形状"，设置"填充"为白色、"描边"为黑色、"描边宽度"为1点、"描边类型"为实线，绘制出"肩育克"，如下左图所示。执行"文件>置入"命令，将素材"2.jpg"置入到画面中，摆放在合适位置上，如下右图所示。

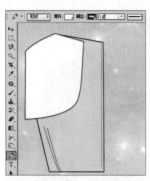 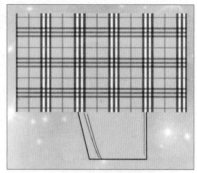

04 接着在刚刚置入素材的图层上单击鼠标右键，执行"创建剪贴蒙版"命令，此时素材只显示出肩育克区域内的部分，如下左图所示。使用"自由钢笔工具"绘制出肩育克上的缉明线，如下中图所示。使用同样的方法绘制出肩育克上的全部缉明线，如下右图所示。

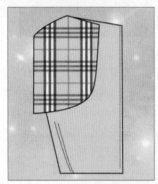 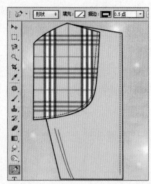 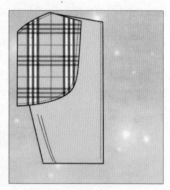

05 下面制作外套的"肩襻"部分。单击工具箱中的"钢笔工具" ，在选项栏中设置绘制模式为"形状"，设置"填充"为卡其色、"描边"为黑色、"描边宽度"为1点、"描边类型"为实线，绘制出肩襻，如下左图所示。继续使用"钢笔工具"绘制出肩襻上的缉明线，效果如下中图所示。将制作的右前片的图层全部选中，按快捷键Ctrl+G进行编组操作，命名为"前片-右"组，如下中图所示。按快捷键Ctrl+J，复制出"前片-左"组，将"前片-左"放在"前片-右"组下面，执行"编辑>变换>水平翻转"命令，然后将"左前片"摆放在合适位置，如下右图所示。

 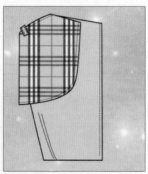 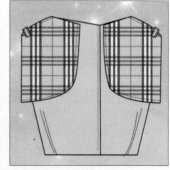

06 绘制外套领子部分。首先绘制领子的后片部分。单击工具箱中的"钢笔工具" ，在选项栏中设置绘制模式为"形状"，设置"填充"颜色为稍深一些的卡其色、"描边"为黑色、"描边宽度"为1点、设置"描边类型"为实线，绘制出外套领口后半部分，如下左图所示。使用同样的方法绘制出外套领口及领口处的缉明线，如下中图所示。执行"文件>置入"命令，将素材"2.jpg"再次置入到画面中，摆放在领子上。接着在刚刚置入素材的图层上单击鼠标右键，执行"创建剪贴蒙版"命令，此时素材只显示出领领子区域内的部分，如下右图所示。

07 制作外套的右下摆。单击工具箱中的"钢笔工具" ，在选项栏中设置绘制模式为"形状"，设置"填充"为卡其色、"描边"为黑色、"描边宽度"为1点、"描边类型"为实线，绘制出"右下摆"，如下左图所示。使用"自由钢笔工具"绘制出右下摆上的缉明线，如下中图所示。绘制外套下摆处的衣褶。单击工具箱中的"自由钢笔工具"，在选项栏中设置绘制模式为"形状"，设置"填充"为无色、"描边"为黑色、"描边宽度"为0.5点、"描边类型"为实线，绘制出右下摆处的衣褶，如下右图所示。

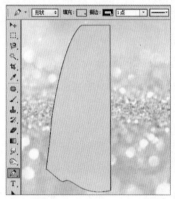 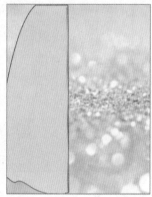 

08 使用同样的方法绘制出其他衣褶，如下左图所示。将制作的右下摆的图层全部选中，按快捷键Ctrl+G进行编组操作，命名为"右"组，接着按快捷键Ctrl+J，复制出"左"组，将"左"放在"右"组下面，再执行"编辑>变换>水平翻转"命令，然后摆放在右侧合适位置，如下中图所示。绘制外套下摆的缉明线。单击工具箱中的"自由钢笔工具" ，在选项栏中设置绘制模式为"形状"，设置"填充"为无色、"描边"为黑色、"描边宽度"为0.5点，在描边样式中选择一种合适的虚线描边样式，绘制出外套下摆的缉明线，如下右图所示。

  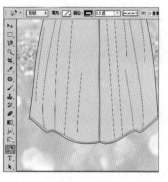

09 下面开始制作腰带部分。单击工具箱中的"矩形工具",在选项栏中设置绘制模式为"形状",设置"填充"为白色、"描边"为黑色、"描边宽度"为1点,在描边样式中选择一种合适的实线描边样式,按住鼠标左键拖曳绘制出腰带,如下左图所示,执行"文件>置入"命令,将素材"2.jpg"再次置入到画面中,摆放在矩形腰带上。接着在刚刚置入素材的图层上单击鼠标右键,执行"创建剪贴蒙版"命令,此时素材只显示出腰带区域内的部分,如下中图所示。使用"钢笔工具"绘制出腰带上的缉明线,如下右图所示。

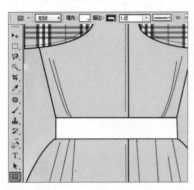 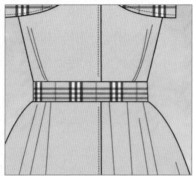 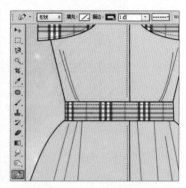

10 使用同样的方法绘制出另一条缉明线,如下左图所示。继续使用"矩形工具"制作出腰带上的裤襻带,如下右图所示。

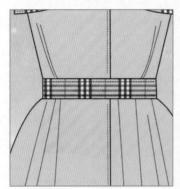 

11 下面制作腰带扣。使用"圆角矩形工具"绘制出一个圆角矩形,在"属性"面板中设置填充色和描边色,设置"描边宽度"为1点,设置"描边类型"为实线,统一设置转角半径为10像素,在选项栏的"路径操作"下拉菜单中选择"减去顶层形状",如下左图所示。再使用"圆角矩形工具"在上一个矩形内部绘制另外一个稍小的圆角矩形,在"属性"对话框中设置圆角半径为15像素,效果如下中图所示。接着使用"圆角矩形工具"绘制腰带扣上的小零件,如下右图所示。

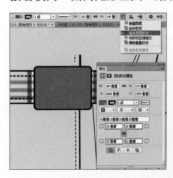 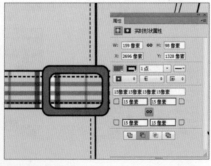 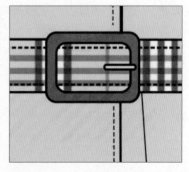

12 选择"自由钢笔工具",在选项栏中设置绘制模式为"形状",设置"填充"为白色、"描边"为黑色、"描边宽度"为1点,在描边样式中选择一种合适的描边样式,绘制出腰带,如下左图所示。执行

"文件>置入"命令，将素材"2.jpg"置入到画面中，并创建剪贴蒙版，效果如下中图所示。继续使用"自由钢笔工具"绘制出腰带上的缉明线，效果如下右图所示。

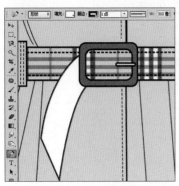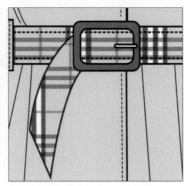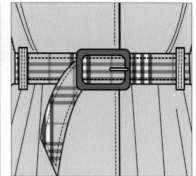

🔢 绘制外套的右袖轮廓。使用"自由钢笔工具"绘制出外套右袖的大概轮廓，如下左图所示。使用"自由钢笔工具"绘制袖子与袖口之间的分界线和缉明线，如下中图所示。绘制外套右袖口处的袖襻。选择"自由钢笔工具"，在选项栏中设置绘制模式为"形状"，设置"填充"为白色、"描边"为黑色、"描边宽度"为1点，在描边样式中选择一种合适的描边样式，绘制袖襻大概轮廓，如下右图所示。

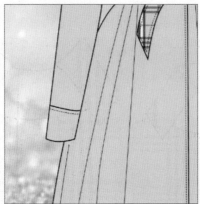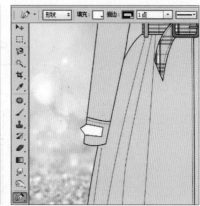

🔢 执行"文件>置入"命令，再次将素材"2.jpg"置入到画面中，使用"自由变换"命令或按快捷键Ctrl+T，调整素材的显示比例，并摆放在合适位置上，如下左图所示。使用"自由钢笔工具"绘制出外套右袖襻上的缉明线，效果如下中图所示。使用同样的方法绘制大衣右袖衣褶，效果如下右图所示。

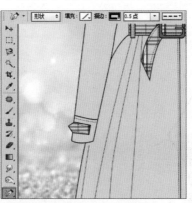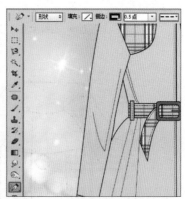

🔢 将制作的右袖的图层全部选中，按快捷键Ctrl+G进行编组操作，命名为"右袖"组，并移动到其他图层的下方，效果如下左图所示。按快捷键Ctrl+J，复制出"左袖"组，将"左袖"组放在"右袖"组下面，执行"编辑>变换>水平翻转"命令，然后将"左袖"摆放在合适位置，如下右图所示。

16 最后制作外套上的纽扣。选择"椭圆工具",在选项栏中设置绘制模式为"形状",设置"填充"为白色、"描边"为黑色、"描边宽度"为1点,然后按住Shift键绘制出纽扣,如下左图所示。使用同样方法继续绘制纽扣内部细节,绘制完成后效果如下右图所示。

 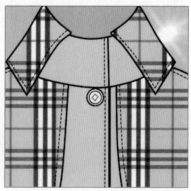

17 选择"自由钢笔工具",在选项栏中设置绘制模式为"形状",设置"填充"为无色、"描边"为黑色、"描边宽度"为1点,在描边样式中选择一种合适的描边样式,绘制扣眼,如下左图所示。更改纽扣为合适颜色后,复制出多个纽扣并摆放在合适位置,如下右图所示。

本章概述

裙装以其女性化特征明显、穿着方便、款式多样等特点，一直就是女性的重要服饰类型。如今，裙装的设计千变万化，连衣裙、半身裙、超短裙、百褶裙都是裙装的常见类型。在本章中首先带领大家了解一下裙装的基本知识，然后通过连衣裙款式图的绘制进行练习。

核心知识点

❶ 了解裙装的基本知识
❷ 掌握裙装款式图的绘制方法

12.1 认识裙装

　　裙装是人类服装史上最古老的服装品种之一，一般由"裙腰"和"裙体"构成，但也有只有裙体而无裙腰的裙装。从原始人的草叶裙、兽皮裙开始，裙装就一直伴随着服装的发展。从传统意义上来说，"裙"为覆盖腰身以下，筒形或圆锥形的衣服，作为下装的一种类型，如下图所示。

　　广义上的"裙装"并不仅仅是下装，还可包括连衣裙、衬裙、腰裙。随着在当代裙子的变化，其造型、色彩、长短也随着时装流行而不断演变。将上衣与下装裙子连接在一起的连衣裙也应运而生。连衣裙因其包含上装的部分，不同的上身造型搭配下身的裙体可产生千变万化的连衣裙造型，如下图所示。

　　当然，裙装并不仅仅是女人的专利，在某些国家男人也会穿裙子，较为著名的就是苏格兰裙，如下

左图所示。除此之外，裙装元素也经常被应用在男装设计中，成为时尚界的潮流，如下右图所示。

12.2 裙装的常见类型

　　裙装的种类繁多，分类方式也有很多种，常见的可以按裙子的外轮廓形状、裁片结构、长度、腰头高度、裙摆大小进行分类。

12.2.1 按裙装外轮廓形状划分

　　按裙装外轮廓形状进行分类可以将裙装分为X形、H形、A形、T形、O形五种。

● X形为紧身裙型，群片紧裹腰胯部，裙摆尺寸仅为活动的最小值，为保持其狭小的廓形，需要用开衩或打褶来提供活动的方便，如下图所示。

● H形裙装是裙装的原型，给人一种端庄稳重的感觉，如下图所示。

● A形裙裙身通常从腰部开始扩张，整体呈现喇叭形，如下图所示。

● T形裙能够充分体现形体曲线，尤其是臀部曲线，如下图所示。

● O形裙从腰部展开，在裙摆处收紧，中间是蓬松的。通常O形廓形的裙装造型都较为夸张，如下图所示。

12.2.2 按裙装裁片结构划分

按裙装裁片结构可以将裙装分为直裙、斜裙和节裙三大类。

● 直裙是裙类中最基本的款式，它的外形特征是裙身平直，腰部紧窄贴身，臀部微松，裙摆与臀围之间呈直线，如下图所示。

● 斜裙的裙摆宽松，裙摆的大小根据侧缝斜角计算，斜角可以从60°开始直至360°。当斜角的角度较小时，给人活泼、合体的感觉；当斜角较大时，给人一种飘逸、洒脱的效果，如下图所示。

● 节裙又称塔裙，指裙体以多层次的横向裁片抽褶相连，外形如塔状的裙子，如下图所示。

12.2.3 按裙装长度划分

按照裙子的长度进行分类是日常比较常用的分类方法，基本可以将裙装分为迷你裙、普通短裙、及膝裙、七分裙、长裙、落地长裙。

- **迷你裙**：迷你裙的整体长度大概在40cm左右，能使女性的双腿显得十分修长。通常迷你裙更受年轻女性的青睐，如下图所示。

- **普通短裙**：普通短裙比迷你裙长，其裙摆高于膝盖，如下图所示。

- **及膝裙**：及膝裙顾名思义裙子长度大概到膝盖，是很多裙子在设计时的首选长度，如下图所示。

● **七分裙**：七分裙的长度大概到小腿肚的1/2处，裙子整体给人一种端庄、优雅的视觉感受，如下图所示。

● **长裙**：长裙的长度大概到小腿肚的1/2位置以下，脚踝以上，如下图所示。

● **落地长裙**：落地长裙是指裙身长度及地，给人高贵隆重感，通常应用在礼服中，如下图所示。

12.2.4 按裙装腰头高度划分

按裙装的腰头高低可以将其分为自然腰裙、无腰裙、连腰裙、低腰裙、高腰裙、连衣裙。自然腰裙的腰线位于人体腰部最细处，腰宽3~4cm；无腰裙位于腰线上方0~1cm，无须装腰；连腰裙的腰头直接连在裙片上，腰头宽3~4cm；低腰裙的腰头在腰线下方~4cm处，腰头呈现弧形；高腰裙腰头在腰线上方4cm以上，最高可以达到腰部下方；连衣裙是指裙子部分直接与上衣相连，如下图所示。

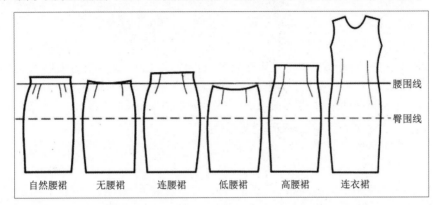

12.2.5 按裙摆大小划分

裙摆就是指裙子的下摆。按照裙摆大小进行分类可以将裙装分为紧身裙、直筒裙、半紧身裙、斜裙、半圆裙和整圆裙。紧身裙臀围放松量4cm左右，结构较严谨，下摆较窄，需开衩或加褶；直筒裙整体造型与紧身裙相似，臀围放松量为4cm，只是臀围线以下呈现直筒的轮廓特征；半紧身裙的臀围放松量为4~6cm，下摆稍大，结构简单，行走方便；斜裙的臀围放松量6cm以上，下摆更大，呈现喇叭状，结构简单；半圆裙和整圆裙的下摆更大，下摆线和腰线成180°、270°、360°等角度。

12.3 春夏高腰印花连衣裙设计

下面就来设计春夏高腰印花连衣裙，操作步骤如下。

01 执行"文件>打开"命令，打开素材"1.jpg"，如下左图所示。首先绘制春夏高腰印花连衣裙的上衣。单击工具箱中的"钢笔工具" ，在选项栏中设置绘制模式为"形状"，选择填充类型为"渐变"，设置第一个色标为粉色、第二个色标为白色，再设置"描边"颜色为黑色、"描边大小"为1点、"描边类型"为实线，在画面中绘制出上衣部分的轮廓，如下中图所示。使用同样的方法绘制出裙体来，如下右图所示。

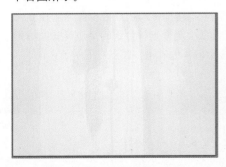 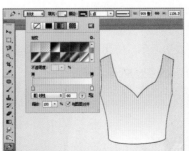 

02 执行"文件>置入"命令，将素材"2.jpg"置入到画面中，并摆放在裙摆的位置上，如下左图所示。接着在刚刚置入素材的图层上单击鼠标右键，执行"创建剪贴蒙版"命令，此时素材只显示出裙摆区域内的部分，如下右图所示。

03 下面绘制连衣裙的缉明线。单击工具箱中的"自由钢笔工具" ，在选项栏中设置绘制模式为"形状"，设置"填充"为无色、"描边"为黑色、"描边大小"为1点，在描边样式中选择一种合适的虚线描边样式，在领口处绘制缉明线，如下左图所示。使用同样的方法制作其他缉明线，如下右图所示。

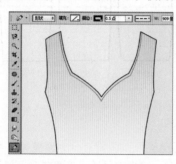

04 制作连衣裙上的收腰线部分。单击工具箱中的"自由钢笔工具" ，在选项栏中设置绘制模式为"形状"，设置"填充"为无色、"描边"为黑色、"描边大小"为1点，在合适的位置绘制出收腰线，效果如下左图所示。使用同样方法制作连衣裙上的其他收腰线，如下右图所示。

05 制作连衣裙上的衣褶部分。单击工具箱中的"自由钢笔工具" ，在选项栏中设置绘制模式为"形状"，设置"填充"为无色、"描边"为黑色、"描边大小"为0.5点，选择一种合适的描边样式，沿裙摆形态绘制出衣褶，效果如下左图所示。使用同样方法制作连衣裙上的其他衣褶，如下右图所示。

06 制作连衣裙上的阴影部分。单击工具箱中的"自由钢笔工具" ，在选项栏中设置绘制模式为"形状"，设置"填充"为灰色、"描边"为无色、"描边大小"为3点，选择一种合适的描边样式，绘制出连衣裙上的阴影部分；执行"窗口>图层"命令，打开"图层"面板，设置图层混合模式为"正片叠底"，如下左图所示。使用同样的方法制作连衣裙上的其他阴影，如下右图所示。

07 单击工具箱中的"钢笔工具"，在选项栏中设置绘制模式为"形状"，设置"填充"为粉灰色、"描边"为无色、"描边大小"为3点，在描边样式中选择一种合适的描边样式，绘制出连衣裙上衣部分的后片，如下左图所示。使用同样的方法制作裙摆的后片，如下右图所示。

08 将后片所在图层放在所有图层下面，效果如下左图所示。单击工具箱中的"自由钢笔工具" ，在选项栏中设置绘制模式为"形状"，设置"填充"为无色、"描边"为黑色、"描边大小"为0.5点，在描边样式中选择一种合适的描边样式，绘制出连衣裙后片上的缉明线，如下右图所示。

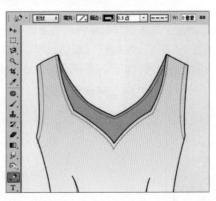

09 将制作好的无袖连衣裙的图层全部选中，按快捷键Ctrl+G进行编组。然后使用快捷键Ctrl+J，复制一个相同的连衣裙并移动到画面右侧，如下图所示。

10 接下来制作一款带有泡泡袖的连衣裙。单击工具箱中的"自由钢笔工具" 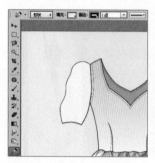 ,在选项栏中设置绘制模式为"形状",设置"填充"为无色、"描边"为白色、"描边大小"为0.5点,选择一种合适的描边样式,绘制出连衣裙右袖,如下左图所示。使用同样方法绘制出衣服右袖口,如下右图所示。

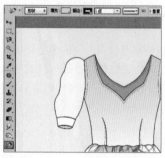

11 给袖口添加花边效果。再次将素材"2.jpg"置入到画面中,摆放在袖口的位置上。接着在刚刚置入素材的图层上单击鼠标右键,执行"创建剪贴蒙版"命令,此时素材只显示出袖口区域内的部分,如下左图所示。使用"自由钢笔工具"绘制出连衣裙右袖上的缉明线,如下右图所示。

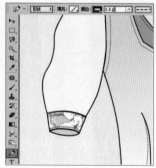

12 为右袖添加衣褶。单击工具箱中的"自由钢笔工具"  ,在选项栏中设置绘制模式为"形状",设置"填充"为无色、"描边"为黑色、"描边大小"为0.5点,在描边样式中选择一种合适的描边样式,绘制出连衣裙右袖肩上的衣褶,如下左图所示。使用同样方法绘制其他衣褶,如下右图所示。

13 单击工具箱中的"自由钢笔工具" ，在选项栏中设置绘制模式为"形状"、填充为灰色、"描边"为无色、"描边大小"为3点，在描边样式中选择一种合适的描边样式，绘制出连衣裙上的阴影部分，如下左图所示。使用同样方法制作连衣裙上的其他阴影，如下右图所示。

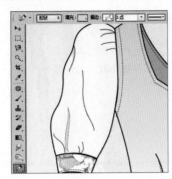 

14 将制作的右半袖的图层全部选中，按快捷键Ctrl+G进行编组操作，命名为"衣袖 右"组。接着按快捷键Ctrl+J，复制出"衣袖 左"组，执行"编辑>变换>水平翻转"命令，然后将左半袖摆放在合适位置，如下左图所示。至此，本案例制作完成，两款连衣裙效果如下右图所示。

Chapter 13 裤子设计

本章概述

裤子本来专指男性的下衣，随着时代的发展，女性逐渐走入社会活动，所以裤装也逐渐被女性所接受，现在裤子已成为人们生活中不可缺少的服装品种之一。在本章中首先带领大家了解一下裤子的基本知识，然后通过裤装款式图的绘制进行练习。

核心知识点

❶ 了解裤装的基本知识
❷ 掌握裤装款式图的绘制方法

13.1　认识裤子

　　"裤子"是人们下身穿着的主要服装，通常由一个裤腰、一个裤裆以及两条裤腿缝纫而成，如下图所示。裤子与同是下装的裙子具有较大的区别，例如裤子有裤长、上裆、下裆，以围度上讲有腰围、臀围、腿围、膝围等。虽然裤装是男女皆可穿着的服装，但是由于男女在体型上的差异，所以男裤与女裤在设计过程中需要注意结构差异。例如男性的腰节比女性稍低，所以同样的身高下女裤的裤长及立裆长度要大于男裤。再如男裤前裆的凹势大于女性，决定了门襟总设在前中心位置，而女裤则可随意设置。

13.2　裤子的常见类型

　　裤子的类型有很多种，通常可以按照裤子的长度、裤子的腰高以及裤子的廓形进行分类。按照裤子的长短可以将裤子分为超短裤、中裤、七分裤、八分裤等。热裤也称为迷你裤、超短裤，其长度到大腿根部；牙买加短裤长度到大腿中部；百慕达短裤到膝盖上部；甲板短裤又称五分裤、中裤，其长度到膝盖的中部；七分裤刚过膝盖；八分裤到小腿部；九分裤到脚踝上部；长裤到脚后跟处，如右图所示。

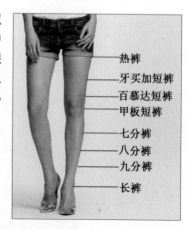

热裤
牙买加短裤
百慕达短裤
甲板短裤
七分裤
八分裤
九分裤
长裤

13.2.1 按腰头高度分类

　　按照裤子腰头的高度可以将其分为无腰头裤、低腰裤、中腰裤、高腰裤等。低腰裤是指裤腰在肚脐以下，以胯骨为基线，可充分展示人的腰身；中腰裤的腰头正在腰位，也就是人腰部最细的地方，高度大约在肚脐位的高度；腰头高于这个高度的则被称为高腰裤。下图所示的是各种腰头高度的裤子。

13.2.2 按裤子廓形分类

　　按照裤子廓形的差别可将裤子分为直筒裤、锥形裤、喇叭裤和灯笼裤。直筒裤的裤脚口与膝盖处一样宽，裤管挺直，有整齐、稳重之感。锥形裤的裤管从上至下渐趋收紧，裤脚尺寸一般与鞋口尺寸接近。喇叭裤的裤管形状似"喇叭"，主要特点在于低腰短裆，紧裹臀部；裤腿上窄下宽，从膝盖以下逐渐张开，裤口的尺寸明显大于膝盖处的尺寸，形成喇叭状。灯笼裤的裤管直筒而宽大，裤脚口收紧，裤腰部位嵌缝松紧带，上下两端紧窄，中段松肥，形如灯笼。下图所示的是各种廓形的裤子。

13.3　女式长裤设计

　　下面来设计女士长裤，操作步骤如下。

　　01 执行"文件>打开"命令，打开素材"1.jpg"，如下左图所示。首先绘制女士长裤的裤腿部分。单击工具箱中的"钢笔工具" ，在选项栏中设置绘制模式为"形状"，设置"填充"为白色、"描边"为黑色、"描边大小"为1点、"描边类型"为实线，在画面中绘制出右裤腿的形状，如右边最右侧图所示。

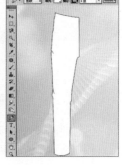

02 下面绘制右裤腿的缉明线。单击工具箱中的"自由钢笔工具" ，在选项栏中设置绘制模式为"形状"，设置"填充"为无色、"描边"为黑色、"描边大小"为1点，在描边样式中选择一种合适的虚线描边样式，绘制出裤脚处的缉明线，效果如下左图所示。使用同样的方法制作出右裤腿上的其他缉明线，如下右图所示。

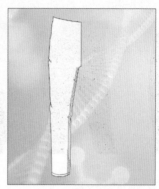

03 下面绘制右裤腿的衣褶部分。单击工具箱中的"自由钢笔工具" ，在选项栏中设置绘制模式为"形状"，设置"填充"为无色、"描边"为黑色、"描边大小"为1点，在描边样式中选择一种合适的描边样式，绘制出右裤腿上的衣褶，效果如下左图所示。将制作的右裤腿的图层全部选中，按快捷键Ctrl+G进行编组操作，命名为"右"组。接着使用快捷键Ctrl+J，复制出"左"组，然后执行"编辑>变换>水平翻转"命令，适当向右移动，将左裤腿摆放在合适位置，如下右图所示。

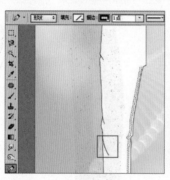

04 绘制长裤的门襟部分。单击工具箱中的"自由钢笔工具" ，在选项栏中设置绘制模式为"形状"，设置"填充"为无色、"描边"为黑色、"描边大小"为1点，在描边样式中选择一种合适的描边样式，绘制出长裤的门襟，效果如下左图所示。设置描边类型为虚线，然后绘制出门襟上的缉明线，效果如下右图所示。

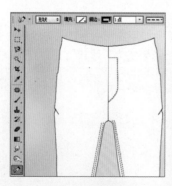

05 绘制前裆的褶皱。使用"自由钢笔工具"绘制前裆上的衣褶，如下左图所示。继续使用"钢笔工具"绘制出裤子的后腰部分，如下右图所示。

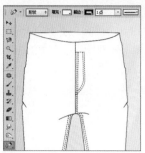

06 单击工具箱中的"钢笔工具"，在选项栏中设置绘制模式为"形状"，设置"填充"为白色、"描边"为黑色、"描边大小"为1点，选择描边样式为实线，绘制出长裤的裤腰部分，如下左图所示。使用同样的方法绘制出裤腰上的分界线，如下右图所示。

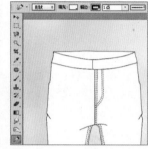

07 绘制出裤腰上的缉明线。单击工具箱中的"自由钢笔工具"，在选项栏中设置绘制模式为"形状"，设置"填充"为无色、"描边"为黑色、"描边大小"为1点，在描边样式中选择一种合适的虚线描边样式，绘制出裤腰上的缉明线，如下左图所示。使用同样的方法绘制出裤腰上的其他缉明线，效果如下右图所示。

08 绘制裤腰上的腰襻带。单击工具箱中的"钢笔工具"，在选项栏中设置绘制模式为"形状"，设置"填充"为白色、"描边"为黑色、"描边大小"为1点，在描边样式中选择一种合适的描边样式，绘制出裤腰上的腰襻带，如下左图所示。使用"自由钢笔工具"绘制出腰襻带上的缉明线，效果如下右图所示。

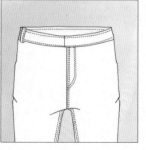

09 将制作的腰襻带的图层全部选中，按快捷键Ctrl+G进行编组操作，命名为"腰襻带"组，接着使用快捷键Ctrl+J，多复制出几个腰襻带并将其摆放在合适的位置（左侧的腰襻带需要执行"编辑>变换>水平翻转"命令），效果如下左图所示。将构成裤子的图层全部选中，使用快捷键Ctrl+G进行编组操作，如下右图所示。

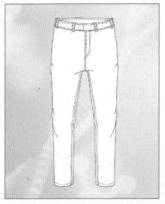 

10 执行"文件>置入"命令，将素材"2.jpg"置入到画面中，摆放在合适位置上，设置该图层的混合模式为"正片叠底"，如下左图所示。效果如下右图所示。

 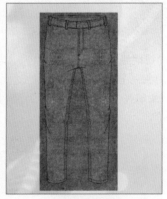

11 接着在刚刚置入素材的图层上单击鼠标右键，执行"创建剪贴蒙版"命令，如下左图所示。此时素材只显示出裤子区域内的部分，效果如下右图所示。

12 制作长裤上的纽扣。选择"椭圆工具"，在选项栏中设置绘制模式为"形状"，设置"填充"为棕色、"描边"为黑色、"描边宽度"为1点、"描边样式"为实线，按住Shift键绘制出一个圆形，如下左图所示。使用同样的方法绘制出纽扣的其他细节，如下右图所示。

13 绘制长裤的左侧口袋。单击工具箱中的"钢笔工具" 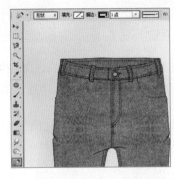，在选项栏中设置绘制模式为"形状"，设置"填充"为无色、"描边"为黑色、"描边大小"为1点，选择一种合适的描边样式，绘制出左侧口袋，效果如下左图所示。使用"自由钢笔工具"绘制口袋上的缉明线，效果如下右图所示。

14 绘制口袋上铆钉扣的一部分。选择"椭圆工具" ，在选项栏中设置绘制模式为"形状"，选择合适的填充颜色，设置"描边"为黑色、"描边宽度"为1点，按住Shift键绘制圆形铆钉扣，如下左图所示。使用同样方法绘制铆钉扣的其他部分，如下右图所示。

15 单击工具箱中的"直线工具" ，在选项栏中设置绘制模式为"形状"，设置"填充"为无色、"描边"为黑色、"描边宽度"为1点，在扣子上绘制斜线，如下左图所示。继续绘制另外一条交叉的斜线，得到完整的铆钉扣，如下右图所示。

⓰ 将制作的铆钉扣的图层全部选中，按快捷键Ctrl+G进行编组操作，命名为"铆钉扣"组，接着使用快捷键Ctrl+J，复制出一组铆钉扣，摆放在口袋的右下角，效果如下左图所示。将制作的女士长裤的左口袋的图层全部选中，按快捷键Ctrl+G进行编组操作，命名为"口袋左"组，接着按快捷键Ctrl+J，复制出一组口袋，然后执行"编辑>变换>水平翻转"命令，将右口袋摆放在合适位置，效果如下中图所示。单击工具箱中的"钢笔工具" ，在选项栏中设置绘制模式为"形状"，设置"填充"为白色、"描边"为黑色、"描边大小"为1点，在描边样式中选择一种合适的描边样式，绘制出牛仔裤口袋里面的小口袋，效果如下右图所示。

  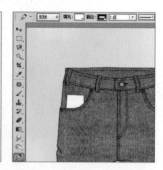

⓱ 执行"文件>置入"命令，将素材"3.jpg"置入到画面中，摆放在小口袋图层的上方，如下左图所示。接着在刚刚置入素材的图层上单击鼠标右键，执行"创建剪贴蒙版"命令，此时素材只显示出小口袋区域内的部分，如下右图所示。

⓲ 绘制小口袋上的缉明线。单击工具箱中的"自由钢笔工具" ，在选项栏中设置绘制模式为"形状"，设置"填充"为无色、"描边"为黑色、"描边大小"为1点，选择一种合适的虚线描边样式，绘制出小口袋上的缉明线，效果如下左图所示。使用同样方法绘制出其他缉明线，如下右图所示。

⓳ 接下来制作牛仔裤上的水洗效果。执行"图层>新建调整图层>曲线"命令，调节曲线形态，如下左图所示。单击该调整图层的蒙版，设置前景色为黑色，按快捷键Alt+Delete进行填充，此时图层蒙版变为黑色；单击使用"画笔工具" ，在选项栏中设置画笔样式为圆形柔角，设置画笔"不透明度"为20%；设置前景色为白色，然后在牛仔裤上裤腿中央区域进行涂抹，此时蒙版效果如下中图所示。牛仔裤水洗效果如下右图所示。

中文版Photoshop CC服装设计

20 再次创建一个"曲线"调整图层，调整曲线形态，将画面压暗；同样使用黑色填充蒙版，并使用白色半透明柔角画笔涂抹蒙版中的局部，使裤子的局部颜色加深，如下左图所示。效果如下右图所示。

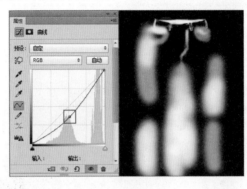 

21 将制作的长裤的图层全部选中，按快捷键Ctrl+G进行编组，命名为"牛仔长裤"组，再按快捷键Ctrl+J，复制出"印花长裤"组，然后适当向右侧进行移动，如下左图所示。将"印花长裤"组中所置入素材的图层全部删除，效果如下右图所示。

 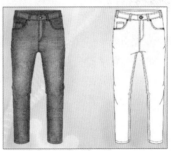

22 将素材"4jpg"置入到画面中，摆放在"组1"的上方，如下左图所示。接着在刚刚置入素材的图层上单击鼠标右键，执行"创建剪贴蒙版"命令，再设置图层混合模式为"正片叠底"，如下中图所示。此时素材只显示出长裤区域内的部分，效果如下右图所示。

本章概述

童装的样式在发展的早期几乎都是成人服装的缩小版，随着童装业的发展，儿童服装无论是款式还是面料上都逐渐有别于成人服装。而且童装的分类也逐渐细化，婴儿、幼儿、学龄儿童以及少年儿童的不同阶段都有其适合的服装。本章先来介绍一下童装基本知识，再通过童装款式图的绘制进行练习。

核心知识点

❶ 了解童装的基本知识

❷ 掌握童装款式图的绘制方法

14.1 认识童装

童装是指儿童穿着的服装。因为儿童在成长的过程中体态变化较大，所以童装往往按照儿童年龄成长阶段进行分类。按照年龄段可分为婴儿服装、幼儿服装、小童服装、中童服装、大童服装等。除此之外，还可按照衣服类型进行区分，例如连体服、外套、裤子、卫衣、套装、T恤衫等，如下图所示。

童装的设计需要遵循儿童的身体及行为特点。虽然不同年龄段的特征不同，但基本都应具有以下特点：款式简单，以便于儿童活动；服装的颜色明快，图案充满童趣；服装穿着舒适，功能性良好；服装面料应该易洗涤、耐磨。除此之外，儿童的肌肤娇嫩，对外界刺激较为敏感，所以面料的选择尤为重要。下图所示的就是不同款式的童装。

14.1.1 婴儿服装

婴儿服装是指从出生到1岁左右的婴儿穿着的服装。此阶段婴儿头大身小，头围与胸围接近，肩宽与臀围接近，腿短且向内弯曲，身高约有4头身。由于此时的婴儿几乎无法行走，长时间躺在床上，而且排泄次数较多，皮肤娇嫩，所以在服装设计时需要注意款式简洁，容易穿脱。面料应采用柔软、透气性好、吸水性强的天然纤维。婴儿服装一般无性别差异，颜色则多为浅色。主要的婴儿服装有罩衫、连衣裤、睡袍、斗篷等，如下图所示。

14.1.2 幼儿服装

　　幼儿服装是指儿童1~3岁穿着的服装。这个时期的儿童头部较大，脖子短粗，四肢短胖，肚子突出，身体前挺，身高有4~4.5头身。这个阶段的儿童活泼好动，所以服装的款式应以宽松活泼为主，面料则采用耐磨易清洗的天然面料。鲜艳的色彩以及有趣的花草文字等图案更适合这个时期的儿童。下图所示的就是幼儿服装。

14.1.3 小童服装

　　小童服装是指4~6岁的儿童穿着的服装，此时的儿童处于学龄前。这个时期的儿童体态主要表现为挺腰凸肚、窄肩、胸围腰围臀围接近、四肢较短，身高有5~6头身。学龄前儿童的智力与体力发展较快，语言表达能力增强，户外活动丰富，更容易接受外界新事物。与此同时，男女童之间也出现了性格上的差异，所以男女童服装的设计上出现了较大的差异。此阶段服装应在兼具幼儿服装活泼宽松的基础上，增加更多趣味性、知识性装饰，如下图所示。

14.1.4　中童服装

　　中童服装是指7~12岁的儿童穿着的服装，此时的儿童处于小学生阶段。这个时期的儿童体态逐渐匀称起来，凸肚消失，手足增大，四肢变长，腰身显现，男女体态特征逐渐明显，身高为6~6.5头身。此时儿童的运动机能和智力发展非常显著，逐渐脱离幼稚感，对事物有一定的判断力和想象力。由于此阶段儿童运动量较大，所以服装应以简洁、舒适、便于活动为主，面料多采用耐磨性、透气性较好的涤棉、纯棉等材料，秋冬季外套宜用粗呢、各式毛料的棉服，以增加保暖性。下图所示即为中童服装。

14.1.5　大童服装

　　大童服装是指13~17岁的中学生穿着的服装，这个时期身体与思想逐渐发育成熟。此时少年的身形更接近成人，女孩胸部逐步发育丰满，臀部脂肪聚集，产生接近成人的胸、腰、臀比例；男孩的身高、胸围和体重也明显增加，肩部变平变宽。此时的少年具有独立思考的能力，对服装审美有着自己的观念，追求时尚、独特。大童服装的设计应区别对待，少女服装既要体现少女的身姿，又要保留纯真，不能过于成人化；少男的服装则应适应日常运动和学习生活，以宽松轻便为宜。下图所示为大童服装。

14.2　童装设计的要素

　　童装设计与成年人的服装设计相似，设计时都要注意款式、面料、图案、流行色这四个要素。

14.2.1　款式

　　款式是服装的精髓，对于幼儿来说，童装的款式结构应以穿脱方便为主，缝合时尽量不出现棱角，以不伤害皮肤为标准。学龄儿童的运动机能与智力发育显著，男女的体格差异也变得明显，此时的服装通常是容易活动而又可以方便调节温度的上下装或分开装。青少年儿童因为体型逐渐接近成人体型，所以此阶段服装与成人服装的结构已经没有太大差别。下图所示为不同款式的童装。

14.2.2　面料

　　童装面料的选择最重要的特性就是无害、透气、舒适，全棉织品为最佳。近几年流行的棉加莱卡、锦纶、珠帆、弹力条绒等面料也为童装设计提供了更多的选择空间。下图所示为不同面料的童装。

14.2.3　图案

　　图案对于儿童有较强的吸引力，对于童装来说不仅是时尚元素又符合儿童的趣味。图案的选择范围较大，可以选择时下流行的卡通形象、影视形象、原创图形、网络流行图案等，如下图所示。

14.2.4 流行色

流行色是指色彩的倾向，能够彰显新时代潮流，具有独特的气质和品位。童装的色彩可以在借鉴当季流行色的基础上，以鲜艳、明丽、积极向上的色彩为主进行设计，更符合儿童的特点，如下图所示。

14.3 儿童连体衣设计

下面就来设计儿童连体衣，操作步骤如下。

01 执行"文件>打开"命令，打开素材"1.jpg"，如下左图所示。首先绘制出儿童连体衣的轮廓。单击工具箱中的"钢笔工具" ，在选项栏中设置绘制模式为"形状"，设置"填充"为粉色、"描边"为黑色、"描边大小"为1点、"描边类型"为实线。然后在画面中绘制儿童连体衣的形状，如下右图所示。

02 制作连体衣右袖。单击工具箱中的"钢笔工具"，在选项栏中设置绘制模式为"形状"、描边颜色为黑色、描边粗细为1点、描边类型为虚线，绘制衣服前片和右袖之间的分界线，如下左图所示。使用同样的方法绘制出右袖与袖口之间的分界线，如下右图所示。

03 将制作的右袖的图层全部选中，按快捷键Ctrl+G进行编组操作，命名为"右袖"组，接着使用快捷键Ctrl+J，复制出"左袖"组，执行"编辑>变换>水平翻转"命令，然后将"左袖"向右移动，摆放在合适位置，如下左图所示。接下来绘制肩部装饰。单击工具箱中的"钢笔工具" ，在选项栏中设置绘制模式为"形状"，设置"填充"为无色、"描边"为黑色、"描边大小"为1点，在描边样式中选择一种合适的描边样式，绘制肩部装饰图形，效果如下中图所示。使用快捷键Ctrl+J，复制该图层，使用"自由变换"命令或按快捷键Ctrl+T，对该图形进行适当缩放，并摆放在之前绘制的肩部装饰图形的内部，如下右图所示。

04 单击工具箱中的"直线工具"按钮，在选项栏中设置绘制模式为"形状"，设置"填充"为无色、"描边"为黑色、"描边大小"为1点，在描边样式中选择一种合适的描边样式，在肩部装饰图形中绘制一条斜线，如下左图所示。继续绘制另外一条斜线，如下右图所示。

05 单击工具箱中的"椭圆工具"，按住Shift键绘制出一个正圆。在"属性"面板中设置填充色和描边色，设置"描边宽度"为1点，设置"描边类型"为实线，如下左图所示。接着在选项栏的"路径操作"下拉菜单中选择"减去顶层形状"，然后继续使用"椭圆工具"，在之前绘制的圆形中央再次绘制一个正圆，得到一个圆环效果，如下右图所示。

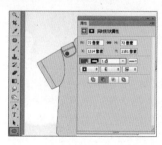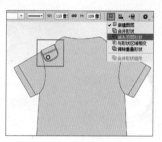

06 复制刚刚绘制的圆环，向右侧移动，得到另一个装饰扣，如下左图所示。将制作右肩装饰的图层全部选中，按快捷键Ctrl+G进行编组操作，命名为"右肩装饰"组。接着使用快捷键Ctrl+J，复制出"左肩装饰"组，执行"编辑>变换>水平翻转"命令，然后将左肩装饰移动并摆放在合适位置，如下右图所示。

07 制作儿童连体衣的衣领部分。首先绘制儿童衣领后面。单击工具箱中的"钢笔工具" 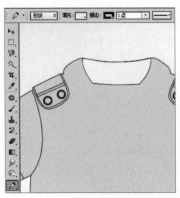，在选项栏中设置绘制模式为"形状"，设置"填充"为白色、"描边"为黑色、"描边大小"为1点，在描边样式中选择一种合适的描边样式，绘制出儿童衣领后面，如下左图所示。使用同样的方法制作出儿童衣领右侧，如下右图所示。

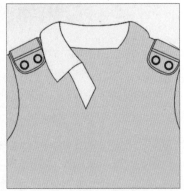

08 绘制衣领上的条纹。单击工具箱中的"钢笔工具"，在选项栏中设置绘制模式为"形状"，设置"填充"为粉红色、"描边"为无，绘制出儿童衣领上半部分的条纹，如下左图所示。使用同样的方法制作出儿童衣领下半部分的条纹，如下右图所示。

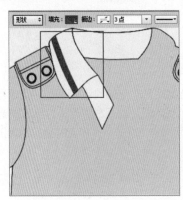

09 绘制衣服右领口上的缉明线。单击工具箱中的"自由钢笔工具" 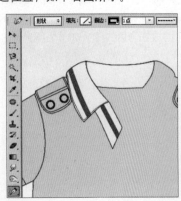，在选项栏中设置绘制模式为"形状"，设置"填充"为无色、"描边"为黑色、"描边大小"为1点，在描边样式中选择一种合适的虚线描边样式，绘制出衣服右领口上的缉明线，效果如下左图所示。使用同样方法制作其他缉明线，效果如下中图所示。将制作的右领口的图层全部选中，使用快捷键Ctrl+G进行编组操作，命名为"右领"组，接着使用快捷键Ctrl+J，复制出"左领"组，执行"编辑>变换>水平翻转"命令，然后将左领摆放在合适位置，如下右图所示。

⑩ 绘制连体衣脚口。单击工具箱中的"钢笔工具" ✐，在选项栏中设置绘制模式为"形状"，设置"填充"为淡黄色、"描边"为黑色、"描边大小"为1点，绘制脚口，如下左图所示。使用同样的方法制作出脚口的另一个部分，如下右图所示。

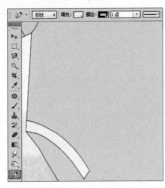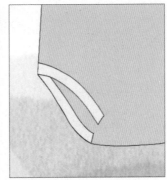

⑪ 绘制脚口上的缉明线。单击工具箱中的"自由钢笔工具" ✐，在选项栏中设置绘制模式为"形状"，设置"填充"为无色、"描边"为黑色、"描边大小"为1点，在描边样式中选择一种合适的虚线描边样式，绘制缉明线，如下左图所示。使用同样方法制作其他缉明线，效果如下中图所示。将制作的右脚口的图层全部选中，按快捷键Ctrl+G进行编组操作，命名为"右"组，接着使用快捷键Ctrl+J，复制出"左"组，执行"编辑>变换>水平翻转"命令，然后将左脚口移动到合适位置，效果如下右图所示。

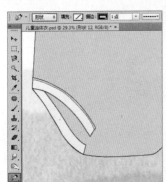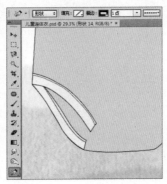

⑫ 制作儿童连体衣裆部。单击工具箱中的"钢笔工具" ✐，在选项栏中设置绘制模式为"形状"，设置"填充"为白色、"描边"为黑色、"描边大小"为1点，在描边样式中选择一种合适的描边样式，绘制出裆部，效果如下左图所示。复制该图形，适当缩放，并更改填充颜色为淡粉色，摆放在合适位置上，如下中图所示。绘制裆部的缉明线。单击工具箱中的"钢笔工具" ✐，在选项栏中设置绘制模式为"形状"，设置"填充"为白色、"描边"为黑色、"描边大小"为1点，在描边样式中选择一种合适的虚线描边样式，绘制出裆部的缉明线，如下右图所示。

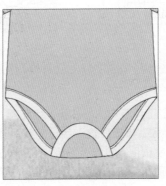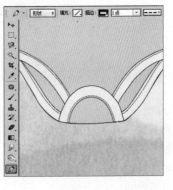

13 选中肩部的纽扣图形，使用快捷键Ctrl+J进行复制，摆放在裆部，如下左图所示。再次复制出两个纽扣图形，摆放在合适位置上，效果如下右图所示。

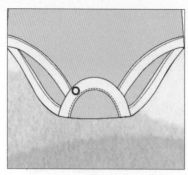 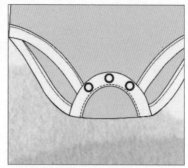

14 制作衣服上的卡通图案。执行"文件>置入"命令，将素材"2.jpg"置入到画面中，选中该图层执行"图层>栅格化>智能对象"命令，将图案摆放在衣服中央，如下左图所示。单击工具箱中的"魔棒工具"，在选项栏中设置"取样大小"为"取样点"，设置"容差"为20，选择"连续"选项，在图片的白色区域单击鼠标左键，得到白色背景部分的选区，如下右图所示。

15 执行"选择>反向"命令，得到反转的选区，然后在"图层"面板中选中卡通素材图层，单击底部的"添加图层蒙版"按钮，如下左图所示。此时多余部分被隐藏，如下右图所示。

16 绘制衣服上的字母部分。单击工具箱中的"横排文字工具"，在选项栏中设置合适的字体、字号，并将文字颜色设置为绿色，在衣服上单击并输入字母。然后按快捷键Ctrl+T，对字母进行适当旋转，如下左图所示。选择刚输入的文字图层，执行"图层>图层样式>描边"命令，在弹出的"图层样式"对话框中设置"描边大小"为16像素、"描边位置"为外部、"不透明度"为100%、"颜色"为白色，如下右图所示。

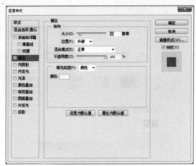

17 设置完的描边效果如下左图所示。使用同样方法制作出其他字母，如下右图所示。

18 将所有字母图层全部选中，单击"图层"面板底部的"创建新组"按钮，将文字放在一个组中，如下左图所示。继续为该文字组添加效果，执行"图层>图层样式>描边"命令，在弹出的"图层样式"对话框中设置"描边大小"为3像素、"描边位置"为外部、"不透明度"为100%、"颜色"为灰色，如下中图所示。设置效果如下右图所示。

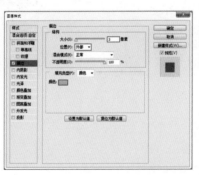

19 将制作完的儿童连体衣的所有图层进行编组，并复制该组，移动到右侧，如下图所示。

20 单击工具箱中的"钢笔工具",选择复制的组中的儿童连体衣的轮廓图层,在选项栏中更改填充颜色,如下左图所示。使用同样方法将儿童连体衣裆部的颜色进行更改,如下右图所示。

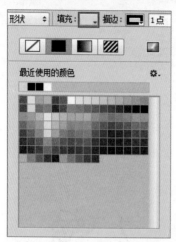 

21 将复制完的衣服上的图片素材删掉,如下左图所示。执行"文件>置入"命令,将素材"3.jpg"置入到衣服中,并去掉背景,效果如下右图所示。

Chapter 15 礼服设计

本章概述

礼服虽然不是日常服装，却以其华丽、优雅的外形征服了男女老少。随着世界文化的融入，我国对于西方礼仪服装的接受认可度逐渐提高，礼服的应用越来越广，演出、宴会、婚庆等重大场合都能看到它的身影。在本章中先来介绍一下礼服的基本知识，再通过礼服款式图的绘制进行练习。

核心知识点

❶ 了解礼服的基本知识
❷ 掌握礼服款式图的绘制方法

15.1 认识礼服

礼服，是指在某些重要场合上参与者所穿着的庄重且正式的服装。礼服的种类有很多种，最常见的分类方式是将礼服分为晚礼服、小礼服、套装礼服和婚纱礼服四种类型。

15.1.1 晚礼服

晚礼服源于西方社交活动中，通常在晚间正式聚会、仪式、典礼上穿着。通常晚礼服裙长长及脚背，面料追求飘逸，垂坠感好。在款式的设计上，强调女性的腰肢、臀部以及整体的曲线美感。下图所示即为晚礼服。

15.1.2 小礼服

小礼服是相对于晚礼服而言的，是指相对轻便小巧的礼服类型。小礼服通常在晚间或者日间的鸡尾酒会、正式聚会、仪式、典礼上穿着。小礼服的裙长较短，裙摆长度通常在膝盖的上下的5cm处。小礼服设计通常是以小裙装为基本款式，具有轻巧、舒适、自在的特点，非常适宜年轻女性穿着，如下图所示。

15.1.3　套装礼服

　　套装礼服适于职业场合、出席庆典仪式时穿着，套装礼服通常为两件套或三件套，能够体现优雅、端庄、干练的职业形象，如下图所示。

15.1.4　婚纱礼服

　　婚纱礼服一般泛指新人在结婚仪式和婚宴上穿着的服饰。在传统西式婚礼中白色的婚纱象征纯洁而神圣，但随着文化的融合，婚纱礼服的颜色和形式也越来越丰富，例如结婚典礼时穿着白色婚纱，宴请宾朋时穿着红色中式敬酒礼服，如下图所示。

15.1.5 仪仗礼服

仪仗礼服是军人在参加重大礼仪活动时穿着的服装，例如：阅兵典礼、迎送贵宾等场合。多数国家只配发给军官。仪仗礼服用料讲究，制作精细，其主要特点是庄严、美观、色彩统一、军阶标志鲜明、装饰注重民族风格等，如下图所示。

15.2 女式礼服设计

女式礼服的款式千变万化，通过对礼服各个部位的设计进行组合，演变出了多种多样的礼服款式。作为连衣裙的重要分类，女士礼服在设计过程中与连衣裙有着大量的相似之处，但是礼服在领部、袖子、腰位以及背部的设计上有所不同。

15.2.1 领子设计

领子位于衣服的最高点，是视觉的中心。礼服的领部设计分为有领和无领两种。有领礼服主要有立领、翻立领、环领、垂荡领、荷叶领、堆领等。大部分礼服均为无领设计，无领礼服主要有一字领、鸡心领、单向斜肩领、落肩领、方领、U领、V领、牙口领、船形领、勺形领和深浅不一的圆领。无领的抹胸礼服占据了女士礼服的主流。下图所示的是不同领子设计的女式礼服。

15.2.2 袖子设计

对于女式礼服而言，大多采用无袖设计。而有袖子的礼服能够增强礼服的艺术性和美感。礼服的袖子多数为短袖，通常会采用宫廷式喇叭袖、羊腿袖、克夫袖、泡泡袖等，如下图所示。

15.2.3　腰部设计

　　腰部位于人体的黄金分割线处，也是能够体现女性曲线的重要位置，所以腰部的设计是不可忽视的重点之一。礼服常见的腰部设计有一字型、V字型、单向斜字型，有低腰位的、高腰位的，这些给人体的造型带来了不同的视觉效果，如下图所示。

15.2.4　背部设计

　　女式礼服不仅要重视正面的效果，还要注意背部的效果。通常礼服的背部有裸背型、穿带型、与抹胸平齐的水平型、V字型、垂荡型及保守型等，如下图所示。

15.3　婚纱礼服设计

下面就来设计婚纱礼服，操作步骤如下。

01 执行"文件>打开"命令，打开背景素材"1.jpg"，如下左图所示。首先绘制出婚纱礼服腰部的轮廓。单击工具箱中的"钢笔工具" ，在选项栏中设置绘制模式为"形状"，设置"填充"为白色、"描边"为蓝色、"描边大小"为1点、"描边类型"为实线，在画面中绘制礼服形状，如下右图所示。

02 执行"文件>置入"命令，将素材"2.jpg"置入到画面中，并摆放在合适位置上，如下左图所示。单击工具箱中的"钢笔工具"，在选项栏中设置绘制模式为"路径"，然后绘制一个上半身的路径，如下右图所示。

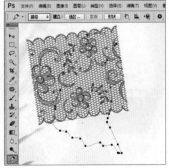

03 接着使用快捷键Ctrl+Enter键将路径转换为选区，如下左图所示。选中素材图层，单击"图层"面板底部的"添加图层蒙版"按钮，以当前选区为素材图层添加图层蒙版，效果如下右图所示。

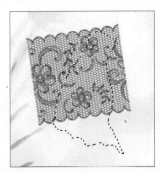

04 单击使用"钢笔工具"绘制婚纱礼服上身的轮廓，如下左图所示。单击工具箱中的"钢笔工具" ，在选项栏中设置绘制模式为"形状"，设置"填充"为无色、"描边"为蓝色、"描边大小"为1点，在描边样式中选择一种合适的描边样式，绘制出婚纱礼服上衣的横排褶皱，如下右图所示。

05 使用上一步的方法继续绘制出婚纱上衣的横排褶皱，如下左图所示。接着使用"钢笔工具"绘制出纵向的线条，如下右图所示。

06 接下来绘制婚纱的裙摆。单击工具箱中的"钢笔工具" ，在选项栏中设置绘制模式为"形状"，在填充下拉菜单中设置从白色到透明的渐变填充；设置"描边"为蓝色、"描边大小"为1点；在画面中绘制出裙摆的最底层，如下左图所示。使用同样方法绘制出裙摆的多个层次，如下右图所示。

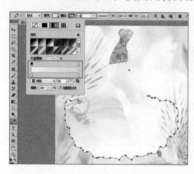

07 将裙摆图层选中，使用快捷键Ctrl+G进行编组操作，然后选择这个图层组，执行"图层>图层样式>渐变叠加"命令，在弹出对话框中设置混合模式为"正片叠底"、渐变颜色为淡蓝色系到白色的渐变、角度为90°，如下左图所示。此时效果如下右图所示。

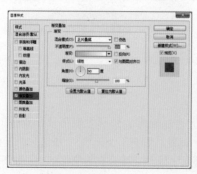

08 绘制裙摆上的裙褶。单击工具箱中的"钢笔工具"，在选项栏中设置绘图模式为"形状"，设置"填充"为无色、"描边"为蓝色、"描边宽度"为1点，选择一种合适的描边样式，绘制出裙摆上的裙褶，如下左图所示。使用同样方法绘制其他裙褶，如下右图所示。

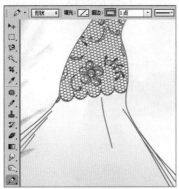

09 接下来绘制模特的轮廓。选择"钢笔工具"，在选项栏中设置绘图模式为"形状"，设置"填充"为淡棕色、"描边"为深棕色、"描边宽度"为1点，绘制模特的头部、肩部以及手臂，如下左图所示。继续使用"钢笔工具"绘制出其他细节，如下中图所示。接下来制作头纱部分。选择"钢笔工具"，在选项栏中设置绘图模式为"形状"，在填充下拉菜单中设置渐变色，其中两端的色标均设置为白色，左侧的不透明度色标设置"不透明度"为30，右侧的不透明度色标设置"不透明度"为0；设置"描边大小"为1点，设置"描边类型"为实线，在画面中绘制出头纱的轮廓，如下右图所示。

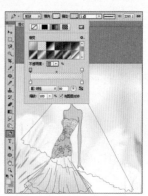

10 使用同样的方法绘制出头纱下边缘，如下左图所示。选择"自由钢笔工具"，设置绘制模式为"形状"，设置填充颜色为无、描边颜色为浅灰色，绘制出头纱上的褶皱，如下中图所示。使用同样的方法制作出头纱上的其他褶皱，最终效果如下右图所示。

Chapter 01

1. 选择题

(1) B　　　(2) C　　　(3) D

2. 填空题

(1) 文件>打印

(2) 缩放

(3) 视图>标尺

Chapter 02

1. 选择题

(1) B　　　(2) C　　　(3) A

2. 填空题

(1) 选择>反向

(2) 选择>取消选择　Ctrl+D

(3) Shift+F6

Chapter 03

1. 选择题

(1) A　　　(2) D　　　(3) B

2. 填空题

(1) 编辑>描边

(2) 内容感知移动工具

(3) 颜色动态

Chapter 04

1. 选择题

(1) C　　　(2) D　　　(3) A

2. 填空题

(1) 转换点

(2) 形状　路径　像素

(3) 磁性的

Chapter 05

1. 选择题

(1) D　　　(2) A　　　(3) B

2. 填空题

(1) 渐变映射

(2) 反向

(3) 通道混合器

Chapter 06

1. 选择题

(1) A　　　(2) B　　　(3) A

2. 填空题

(1) 横排文字工具　直排文字工具

　　横排文字蒙版工具　直排文字蒙版工具

(2) 栅格化文字

(3) 类型>转换为段落文本

Chapter 07

1. 选择题

(1) A　　　(2) D　　　(3) B

2. 填空题

(1) 斜面和浮雕

(2) 图层蒙版　矢量蒙版　剪贴蒙版　快速蒙版

(3) 透明　不透明　半透明

Chapter 08

1. 选择题

(1) D　　　(2) B　　　(3) A

2. 填空题

(1) 油画

(2) 滤镜>滤镜库

(3) 前景色　背景色